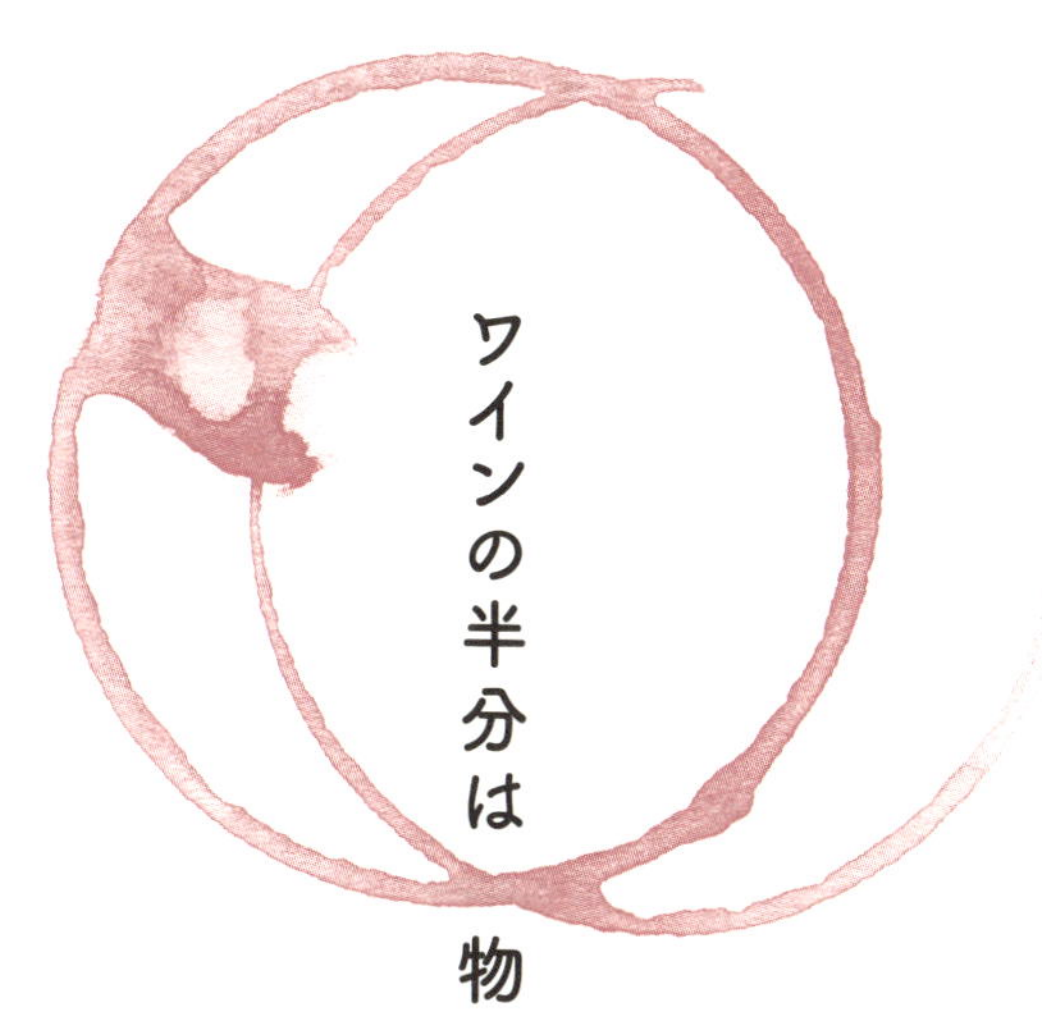

ワインの半分は物語でできている。

山田井ユウキ

はじめに

僕はワインを物語から好きになるタイプです。

ワイン沼にハマって10年。いまでは好きが高じてワインエキスパートの資格を取得し、ワインの知識を体系的に学び、味を客観的に評価する術をあるていど習得はしていますが、それでもやっぱり、物語抜きだとワインが味気なく感じちゃうんですよね。

元来の中二病体質のせいでしょうか。「シャトー・ムートン・ロートシルト」の一族悲願のストーリーを知ったときには、もう血が騒いで飲む前からおいしくなっちゃってましたし、「パリスの審判」の熱い展開にあてられてすぐにカリフォルニアワインを買いに走りました。いまが「フィロキセラの厄災」後の世界なのだと知ってからは、どんなワインも尊く感じてしまいます。単純なんです。

ワインボトルの半分は物語で満たされている。そう思うようになりました。

「物語のあるワイン」を集めていくうちに、気合を入れて買ったはずの大きなセラーにはワインが入り切らなくなり、ワインを保管するためだけのワイン部屋をつくり、それでも足りずにいまでは外部ワインセラーを契約してストックしています。10年後の熟成を待って眠りについているワインもあります。

「品種とか産地の知識がないとワインって楽しめなさそう……」ですか？
もちろん、ぶどう品種や産地の知識はあったほうがいいかもしれません。そうなれば、なんとなく好みのワインも選べるようになって楽しいでしょう。でも、ワインを味わい深くしてくれるのは、教科書的知識よりも物語なんです。

ワインにまつわる伝説や逸話や事件の数々。神話やおとぎ話のように、さまざまなバリエーションでいまに伝わる物語がたくさんあります。真偽不明の話もワインのうまみをマシマシにするエッセンスです。

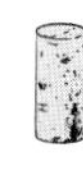

僕たちは、ワインを飲んでいるというよりは「物語を飲んでいる」んです。

本書ではそんなワインにまつわるストーリーをコンパクトにまとめました。僕を沼に引き込んでいった物語たちです。順番に読んでも、気になったタイトルから読んでもお楽しみいただけます。定番ものを中心にそろえたので、ワインに興味を持ち出した方に読んでもらえたらうれしく思います。そして、物語からそのワイン好きになってくれたら、もっとうれしいです。

飲む前から〝推し〟になる——そんなワインがあってもいいんです！

第2章　ワインが尊くなってくる物語。

第3章　メロウな気分にひたる物語。

第4章　へぇ〜ってなるアペな小話。

第1章
たぎる成分を含んだ物語。
WINE IS MADE FROM GRAPES AND STORIES.
1980

第1話

「我はムートンなり」

不変の「ボルドー格付け」を動かしたシャトー・ムートン・ロートシルト

ヨーロッパのワイン、特にフランスワインは歴史と伝統を重んじる保守的な世界です。一度決めたことはカチカチの鉄の掟となり、ちょっとやそっとじゃ動かせません。その代表ともいえる伝統が「ボルドー格付け」第2話でしょう。

シャトー・ムートン・ロートシルトのラベルに記されている「PREMIER JE SUIS, SECOND JE FUS, MOUTON NE CHANGE（われ1級なり。かつて2級なり。されどムートンは不変なり）」。この言葉に込められた想いとは？

フランス・ボルドー地方では、数千もあるシャトー（ワイナリー）から特に秀逸なワインを造る61シャトーを1～5級に格付けしています。格付けの特徴は〝不変〟であること。1855年の格付け作成から100年以上、序列は変わりませんでした。それだけ時が経てば2級が1級に昇格したり、逆に降格があったりしてもいいはず。でも、ボルドー格付けは動かない。どんなにワインの質を高めようとシャトーが落ちぶれようと2級は永遠に2級。それが掟なんです。

ところが、そんな絶対不変だったはずのボルドー格付けを覆したシャトーが、たったひとつだけ存在します。シャトー・ムートン・ロートシルト。1855年の格付けでは2級に選ばれました。でも、いまでは1級。いわゆる「5大シャトー」の一角を占める超名門になったんです。いったいなにが起きたのでしょうか⁉

「2級には甘んじず」想いを後世に託して……

シャトー・ムートン・ロートシルトのはじまりは1853年。当時すでにボルドーでトップ級の評判だったシャトー・ブラーヌ＝ムートンを、ナサニエル・ド・ロスチャイルド男爵が購入し、現在の名称に改名しました。*1 ロスチャイルド、もちろんあの〝世界を動かす大財閥〟のご当主です。

ナサニエルがシャトーを買収してから2年後の1855年。ナポレオン3世の命により、ワインの格付けが実施されました。ボルドー地方のメドック地区のものを対象に、*2 流通価格ベースで5段階にランク分けしたんです。最も高価なワインはシャトー・ラフィットだったとはいえ、ムートンだって負けちゃいません。ナサニエルは当然、ムートンの1級認定を信じて疑わなかったのです。

ところが、結果はナサニエルを失望させるものでした。ムートンは2級に格付けされてしまったんです。納得いかないナサニエルは猛抗議します。うちが1級に選ばれない理由なんてある？　でも、格付けが覆ることはありませんでした。こちとら歴史すら動かす富豪なのに……味わったことのない屈辱！

なぜムートンが2級なのか。ナサニエルがイギリス系ロスチャイルド家の系譜だったからとか、格付け2年前というシャトーの買収タイミングが問題だったとか諸説ありますが、真相は謎のままです。

さらに後年、失意のナサニエルに追い打ちをかける出来事が起きます。1868年、パリ・ロスチャイルド家の叔父ジェームスが格付け1級のシャトー・ラフィットを購入したのです。同じ一族でありながら、所有シャトーが片や1級、片や2級って……。この明暗が分かれる結果にナサニエルのプライドはボロボロ。しかも、すでに1級確定済みのラフィットを買うなんて、叔父さんちょっとずるくない？

実際のところ、ふたりはかなり緊張感のある関係でもありました。悔しい気持ちが抑えきれないナサニエルは有名な言葉を残し、子孫に雪辱の想いをつなぎます。

「1級になれずとも、2級には甘んじず。我はムートンなり」

……しびれるほどかっこよすぎる宣言じゃないですか？　僕くらいになると、この言葉をつまみにしてワイン1本いけますね！（安ワインに甘んじるしかないけど）

ただ、残念ながらナサニエルの子どもたちはシャトー運営に興味を持たなかったようです。それどころか、都会から離れたボルドーに寄り付きすらしなかったとか。もしかしてナサニエルの想いが重すぎたのでしょうか？

期待の新星フィリップあらわる

ナサニエルの屈辱が晴らされないまま時は過ぎて1922年。そのひ孫にあたるフィリップが、弱冠20歳でシャトー・ムートン・ロートシルトを引き継ぎます。この男、傑物でした。自動車レーサーであり、映画を作り、プレイボーイでもあったフィリップ。今日のムートンの隆盛は、彼の功績によるところが大きいんです。フィリップは時代の先が見えていたかのようにワイン業界に数々の革新をもたらします。

そのひとつが「シャトー元詰」。樽熟成を終えたワインをシャトーで瓶詰めするというものです。現在では当たり前ですが、当時シャトーは樽熟成後の瓶詰めをワイン商に任せて出荷するのが一般的でした。でも、瓶詰め工程で水増しなどの不正行為があり得ると考えたフィリップはシャトーでの元詰を考案。瓶詰め装置の導入や倉庫の拡大など多大な投資が必要となっても、品質管理や信用確保には欠かせないと判断したんです。フィリップはこれを名門4シャトーも巻き込んで業界に定着させました。2級シャトーの当主ながら、1級を束ねる政治力。もともと世間では1級レベルとみなされていたムートンです。その後、名門4者とムートンの5者による同盟関係が生まれ、ボルドーにおける影響力を強めていくことになります。

フィリップはマーケティングにも長けた男でした。ムートンはヴィンテージ（収穫年）ごとにラベルを飾るデザインが変わることで有名です。この「アートラベル」をはじめたのがフィリップでした。毎年異なる一流アーティストを起用し、ダリやシャガールなど巨匠が手掛けたことも。アートラベルは話題を集め、コレクターがこぞって購入したりと売上アップにつながっていったんです。

ワイン業界で存在感を示し続けてきたフィリップ。しかし、1950年代、大転換のときを迎えます。なんと例の5者同盟からムートンが排除される事態が起きたんです。理由は「ムートンは1級ではないから」。その裏では、同じロスチャイルド一族ながら仲の悪かったラフィットが糸を引いていたのだとか。まさかナサニエル以来の屈辱が自分の身に起きるなんて……。ならば格付けを見直させてみせる！

そもそもの一族の悲願であった、ムートンの1級昇格に向けて燃え上がったフィリップ。全ロスチャイルドパワーを動員した昇格闘争は、こうして開始されたのでした。まさか20年にも及ぶ長い戦いになるとは思っていませんでしたが……。

100年越しの悲願達成

フィリップは持ち前の忍耐力でロビー活動を展開します。関係機関へ格付けの見直しを働きかけ、そして他のシャトーからは昇格の支持を取り付ける――とりわけ難航したのが1級シャトーの説得です。昇格を認めればボルドー格付けの根本が揺らぐリスクもありますしね。ボルドーの名門どうしが対立する険悪な状況に農業省が調停に乗り出す一幕もありました。1855年に格付けを作成したボルドー商工会議所も、いまさら見直すことには否定的です。向かうところほぼ逆風。それでも、どれだけ時間を費やしてもやり遂げる！というフィリップの強烈な執念が実ります。根負けするように、名門4シャトーから昇格に反対しない旨が伝えられました――。

そして闘争開始から約20年後の1973年、シャトー・ムートン・ロートシルトの1級昇格が認められる日がやってきたんです。まさに歴史的偉業でした。不変のボルドー格付けで〝ありえないはずの変更〟を実現させたんですからね！

昇格を認める公文書には、後にフランス大統領となるジャック・シラク農業大臣がサインしました。長年にわたる業界への貢献やユニークな取り組み、高い知名度、なにより傑出したワインの品質が認められての格上げ。1855年の誤りを正すという建前も使われたようです。後にも先にもボルドー格付けの見直し昇格はムートンだけの超特例。[*3] ナサニエルが屈辱に身を震わせてから100年以上を要しました。一族の悲願だった1級昇格はこうして達成されたのです。

ムートンが歴史的昇格を果たした1973年ヴィンテージのアートラベルはピカソ。[*4] そこにはこんな言葉が添えられています。

「われ1級なり。かつて2級なり。されどムートンは不変なり」

フィリップから曽祖父ナサニエルへの100年越しの返歌、最高じゃないですか⁉ 僕くらいになると、この言葉をつまみにワイン100本はいけますね！

＊＊＊

あらゆる悲願達成の祝杯にシャトー・ムートン・ロートシルトほどふさわしいワインはないのでは？ いつの日かフィリップの名言を自分の名に置き換えて語ってみたいものです。

＊1 ロートシルトはロスチャイルドのドイツ語読み。日本ではワイン名としてはロートシルトが定着しています。
＊2 建前上はボルドー全域が対象でしたが、ボルドー商工会議所の管轄地域の都合もあり、実質的にはメドック地区から選ばれました。 **＊3** ボルドー格付け制定の翌1856年、格付け外から5級に追加されたシャトー・カントメルルの事例はありますが、本来格付けすべきだったのに漏れていたことによる変更とされています（オランダ商社の独占販売だったせいで商工会議所が見落としていたのだとか）。 **＊4** 1973年ヴィンテージのアートラベルは、ピカソが1959年に制作した「バッカナール（酒神バッカスのための祭り）」という作品。

第2話

永遠のブランド力「ボルドー格付け」

わずか2週間で決めた1855年の格付けが絶大なブランド力をもたらした

赤ワインの世界的な銘醸地フランス・ボルドー。数千ともいわれる生産者がひしめくこの地の頂点には〝61の格付けシャトー〟が君臨しています。圧倒的なブランド力を持つシャトーたち。そのブランド力は「ボルドー格付け」によって支えられているんです。

ボルドーの歴史級ランキング

ボルドー格付けが作成されたのは1855年。なんと150年以上も昔のことなんです。日本はまだ江戸時代（安政2年）ですよ？　そのときこさえたランキングがいまもほぼ当時のまま使われていて、しかもそれがボルドーワインの超絶ブランド力を半永久的に約束している——どういう強度をしているんですか!?

そんな歴史級ランキングはどうやって作られたのでしょうか。フランス全土からワイン通が集結して徹底的にテイスティングをした？　まとまらない議論を何年も続けてようやく合意にこぎつけた？　いいえ、どれも違います。

実はこの格付け、当時のボルドーワインの流通価格をもとに、わずか2週間で作成されたものなんです。え、それってだいぶ〝やっつけ仕事〟なのでは……？

ワインの道を歩みはじめたら避けて通れないボルドー格付け。時の権力者から押し付けられ、急ピッチで作らざるを得なかったボルドーワイン業界人たちの物語を追ってみたいと思います。

パリ万博でボルドーワインを売り出せ！

ボルドー格付け誕生のきっかけは「第1回パリ万国博覧会」。フランス皇帝ナポレオン3世は1855年開催予定のパリ万博を、メイド・イン・フランス製品を世界に売り込むビジネスチャンスととらえていました。

フランスの特産品といえばワインですよね。そこで当時すでに銘醸地として名を馳せていたボルドーのワインを、目玉商品としてプッシュしていくことに決めたんです。[*1] 来場客にボルドーワインをたくさん買って帰ってもらおうと。

でも、お土産としてのボルドーワインには弱点がありました。種類が多すぎてどれを買えばいいのかわからないんです！　コンビニのワイン売り場ですら迷うのに、無数にあるボルドーワインなんて、よほどのワイン通じゃなきゃ選べません。

そこでナポレオン3世が考えたのが〝格付け〟でした。ワインのランキングがあれば、消費者はワイン選びが簡単になりますからね。格付けが上ならおいしいのだろうし、お値段が高いのも納得できるし。確かにいいアイディアだと思います。

そんなわけでナポレオン3世はボルドー商工会議所にボルドーワインの格付けを作るよう命じたのですが、命令を受けたボルドー商工会議所は慌てました。

パリ万博開幕まで残り4か月。時間がない！

そうだ、お値段でランキングを作っちゃおう！

さぁ、ボルドー商工会議所は大変です。「格付けせよ」と言われたって、選定基準は決まっていないし、みんなが納得するランキングを作るなんて絶望的に大変だし、とてもじゃないけど4か月で調整しきれるもんじゃない。どうしよう⁉　困り果てた商工会議所は……しばらくこの案件を寝かせることにしました。いや、それ放置するの⁉　さては夏休みの宿題、ギリギリまでやらないタイプですね？

妙案が浮かばないまま万博開幕が1か月後に迫った1855年4月。ようやく重い腰を上げ、格付け作業にとりかかっ……たのではなく、ボルドーのクルティエ（ワインの仲買人組合）に格付け作成プロジェクトを押し付けてしまったんです！「こういう事情だから格付けしておいて。あ、うちは責任とらないんで」。……あんまりじゃないですか⁉　ひと月で間に合うわけないし！　でも泣き言なんて言ってられません。皇帝肝いりの国家事業に「できませんでした」なんて打首もんですから。

元請けからのあまりの無茶ぶりにクルティエはひとつの決断を下しました。

「もはや値段の高い順に格付けするしか道はない！」

時間がない以上、シンプルに流通価格でランキング化することにしたんです。「値段が高いってことはおいしくて人気があるってことだろうから、格付け作りの基準にしても問題ないよね？」。まぁ、理解できなくはないですよね。

名門はちゃんと押さえた格付けに

ここからはもう急ピッチです。赤ワインについてはボルドー地方でも特に銘醸地とされていたメドック地区のシャトーに絞り込み、[*2·3] さらにその主力ワインの流通価格を基準として、シャトーの歴史や名声、実績なども加味したうえで格付けを決めていきました。急がなきゃ！

こうしてわずか2週間で出来上がった格付けこそが、いまなお強大な影響力を持つ「ボルドー格付け」だったんです。

ボルドー格付けはワイン自体ではなく、それを造るシャトーを格付けしています。1855年の時点で57のシャトーが1～5級にランク分けされました。

最上級の1級に選ばれたシャトーは、シャトー・ラフィット、シャトー・マルゴー[第26話]、シャトー・ラトゥール、シャトー・オー・ブリオン[第17話]（唯一のグラーヴ地区）の4者。当時すでに名門として名高かったシャトーをちゃんと押さえた格付けとなっていました。

シャトーの選定について細かい点で異論はあったものの、流通価格をベースとした格付けは、全体的には妥当なものとして受け入れられました。ある意味、世間が感じていた「あのシャトーはおいしいよね」といったボルドーワインの序列が再確認された形なのかもしれませんね。一時はどうなるかと思ったけど、おかげで無事にパリ万博を迎えることができました。ふぅ～、めでたしめでたし……。

でもまさか、皇帝も商工会議所もクルティエも予想だにしなかったことでしょう。この2週間の仕事が、未来のボルドーワインをめちゃくちゃ強力なブランドに押し上げることになるなんて*4……。

その場しのぎから、永遠の格付けへ

急場をしのぐようにして作られたボルドー格付けは、21世紀のいまも、ほぼ

1855年の作成当時のまま生き続け、ボルドーの赤ワインに特別な権威をもたらし続けています。

長い歴史のなかではシャトーの分裂や吸収、浮き沈みなど紆余曲折もありました。その結果、現在では61のシャトーがボルドーの頂点に君臨しています。1973年にシャトー・ムートン・ロートシルトの1級昇格があったとはいえ、ボルドー格付けは「永遠に不変」というのが世界の認識です。

もちろん150年以上も前の評価ですし、その正当性を問う声はあります。実情に即していないのでは？って。それでもシャトーの

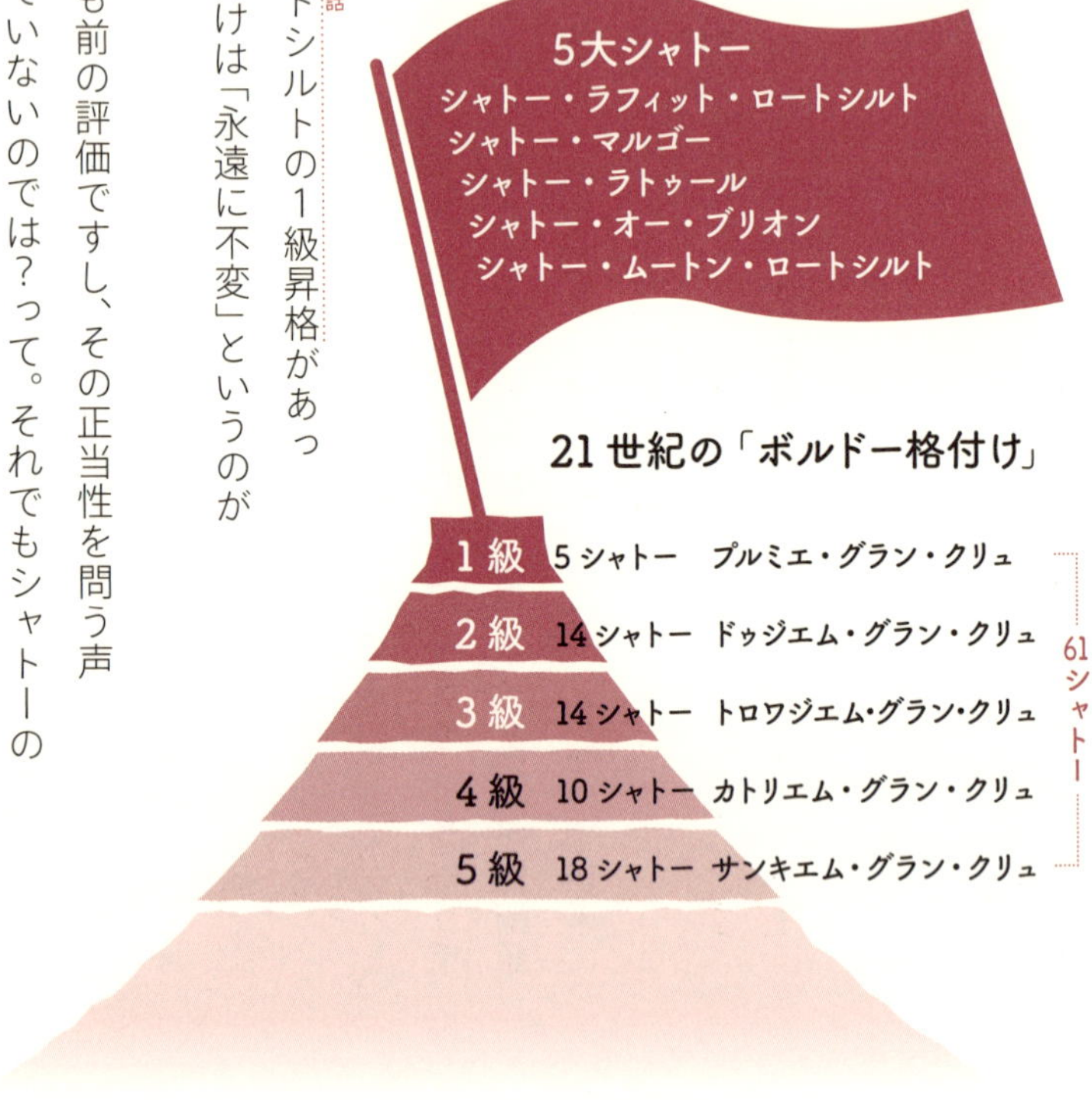

第1話

21世紀の「ボルドー格付け」

等級	シャトー数	名称
1級	5シャトー	プルミエ・グラン・クリュ
2級	14シャトー	ドゥジエム・グラン・クリュ
3級	14シャトー	トロワジエム・グラン・クリュ
4級	10シャトー	カトリエム・グラン・クリュ
5級	18シャトー	サンキエム・グラン・クリュ

61シャトー

格付けとワインの品質はおおむね適正な関係にあるのだと思います。生産者たちが格付けにふさわしいワインを造る努力を続けてきたからこそ、ボルドー格付けは圧倒的なブランド力を獲得できたのではないでしょうか。

＊　＊　＊

ボルドー格付けの面白いところは5等級のランク分けが必ずしも品質の差をあらわすものではないという点です(価格には少なからず影響しますが)。

1級を超える評価を得ることもある「スーパーセカンド」第3話の存在だって珍しくありません。それでも1855年の格付けを見直さない。そういう分厚い伝統を守る感じ、たまりませんよね！

＊1 ナポレオン3世はボルドーワインびいきだったようです。イギリス生活が長く、そこで人気のあったボルドーワインをよく飲んでいたのだとか。　＊2 ナポレオン3世は白ワインの格付けも命じており、ソーテルヌ・バルザック地区の甘口白ワインが格付けされています。ただ、一般に「ボルドー格付け」といったら赤ワインの格付けを指します。　＊3 建前上はボルドー全域を対象とした格付けでしたが、いわゆる右岸地区はボルドー商工会議所の管轄外だったこともありスルーされてしまったのだとか。　＊4 「ボルドー格付け」の制定当時は〝不変のランキング〟ではなく、見直しもありえるという見解があったそうですが、実際にはほぼ動きのないまま現在に至っており、未来も変更される気配はありません。

第3話

1級に迫る「スーパーセカンド」たち

格付けは超えられないけど、実力では「5大シャトー」を超えるレベルに!?

ワイン愛好家は〝推しのスーパーセカンドについて語る〟のが大好きです。「スーパーセカンド」とは、「ボルドー格付け」(第2話)の1級シャトーと肩を並べる品質を持つとされる2級以下のシャトーのこと。格付けから150年以上も経てば、そりゃ〝隊長をしのぐ実力を持ったナンバー2〟だって出てきますよね?

ただ、スーパーセカンドには公式な定義があるわけじゃないんです。あくまでも評論家や愛好家が好き勝手に持論を述べているだけ。みんなそれぞれ異なる〝推し〟を持っているわけですけど、それでも「このシャトーは間違いないよね」という共通見解はあります。誰もが認めるスーパーセカンドの名前、ぜひ覚えておいてください!

最も1級に近いシャトー・レオヴィル・ラス・カーズ

スーパーセカンドを語るならシャトー・レオヴィル・ラス・カーズは外せません。スーパーセカンドのなかで最も1級に近いといわれる存在。いわばスーパーセカンドのスーパーファースト……ややこしいですね、すみません。1級シャトーが不在のサン・ジュリアン村の盟主的ポジションゆえに「サン・ジュリアンの王」とも称されます。

実はラス・カーズの畑は、となり村の1級、シャトー・ラトゥールの畑と地続き。それもあってか前オーナーは1級シャトーに強いライバル意識を持っていました。品質も価格も1級シャトーを超えることに執念を燃やしていたんです。ラス・カーズのボトルを見かけたらラベルに注目してください。格付けに納得していないから「2級」を示す表示がないんです。なんというプライドの高さ！　その気高さもスーパーセカンドにふさわしい要素なんだと思います！

スーパーセカンドといったらシャトー・レオヴィル・ラス・カーズでしょう。美しい石造りのアーチ状の門が描かれたラベルが特徴です。前オーナーは１級シャトー超えを目指したわけですが、スーパーセカンドの筆頭と讃えられるいま、その夢は叶いつつあるといえるのではないでしょうか

「ポイヤックの貴婦人」シャトー・ピション・ロングヴィル・コンテス・ド・ラランド

しなやかでエレガントな味わいから「ポイヤックの貴婦人」と讃えられるシャトー・

ピション・ロングヴィル・コンテス・ド・ラランドも、議論をまたないスーパーセカンドでしょう。

なにかと女性のイメージが強いシャトーです。シャトー名の意味するところはラランド伯爵夫人だし、スーパーセカンドと呼ばれるまでに品質を高めたのは、1980年からオーナーを務めたメイ・エレーヌ・ド・ランクザン夫人でした。

実はメイ夫人、2007年にピション・ラランドを売却して南アフリカに移住*1しています。南アフリカのポテンシャルに魅せられ、この地でボルドータイプのワインを造っているんです。78歳にしてこのフットワークの軽さ! 現ピション・ラランドと、前オーナーのメイ夫人が南アフリカで造るボルドーを意識したワイン「グレネリー・レディ・メイ・レッド」、飲み比べてみたいですよね!

オリエンタルな雰囲気のシャトー・コス・デストゥルネル

東洋を思わせるパゴダ(仏塔)風のシャトーを描いたラベルで知られるスーパーセカンド、サン・テステフ村のシャトー・コス・デストゥルネルも要チェックです。

19世紀初頭にオーナーだったルイ・ガスパールは商才に長けた人物でした。輸出先のインドで売れ残ったコスを持ち帰ると、ほどよく熟成して美味になっていたことから、「インド帰りの航路でおいしく熟成したワイン」と銘打って販売し大人気に。この成功から「サン・テステフのマハラジャ」とも呼ばれたガスパールは、イメージ戦略の一環としてパゴダのような樽貯蔵庫を作るなど、異国情緒漂うシャトーの建設に心血を注いだともいわれています。

このほか、シャトー・モンローズやシャトー・デュクリュ・ボーカイユなどもよくスーパーセカンドに挙げられますね。さすが2級。虎視眈々と1級を狙うシャトーだらけです！　まぁ、格付けが動く気配はありませんけど……。

さて、実はスーパーセカンドと呼ばれるシャトーは2級に限らないんです。3級以下のシャトーにも1級と並び称される実力派がひしめいています。そんな下剋上クラスのシャトーたちをご紹介しましょう！

「モナ・リザ」の味わい？シャトー・パルメ【3級】

僕をワイン沼に落とした漫画「神の雫」。その作中で1級シャトーを差し置いて「第二の使徒[*2]」に選ばれたのが3級のシャトー・パルメです。いまスーパーセカンドでは最も高値で取引される超人気銘柄となっています。

パルメは1855年の格付け前にオーナーの破産などで調子を落とし、回復しきれずに3級になってしまったものの、本来は2級でもおかしくない実力派。『神の雫』ではその味わいが「モナ・リザ」のイメージで描かれました。……実に気になる表現ですよね。ぜひ作品と一緒に確かめてみてください！

「貧者のムートン」の異名も！ シャトー・ランシュ・バージュ【5級】

1980年代から秀逸なワインを連発するようになり、ここちょっとスゴイのでは？と愛好家が目の色を変えて求め出したのが5級のシャトー・ランシュ・バージュです。同じポイヤック村の1級、シャトー・ムートン・ロートシルトにスタイルが近いことから「貧者のムートン」と呼ばれることも。……それ本当に褒めてます？ たしかにムートンに比べればお値段は5分の1ほどですけど、それでも平気で2万円はしちゃいます。そろそろ「貧者のランシュ・バージュ」が欲しいかも……（きりがない！）。

パーカーポイント満点連発！ シャトー・ポンテ・カネ【5級】

最後に僕の〝推しのスーパーセカンド〟を。それはシャトー・ポンテ・カネ。ここ最近いちばんの出世を果たしたといえる5級シャトーです。

代がわりした1994年くらいから評価が高まり、2009年、2010年に大御所評論家ロバート・パーカー（第10話）が100点をつけて人気が爆発しました。2年連続満点は1級シャトーでも滅多にないレベル。まさに快挙でした。徹底したオーガニック農法である「ビオディナミ」にボルドーではいち早く取り組むなど、独自路線を快走中です。

＊＊＊

ボルドー格付けのシャトー物は高級ワインとはいわれますが、それでも1級「5大シャトー」が別格なのであって、それ以外はまだなんとか手の届くお値段をキープしているものもあります。ぜひそのなかから〝自分だけの推しスーパーセカンド〟を見つけ出し、ワイン仲間と語り合ってほしいと思います！

＊1 ボルドー格付け2級のシャトー・ピション・ロングヴィル・コンテス・ド・ラランドの売却先は、高級シャンパン「クリスタル」（第20話）を手掛ける名門シャンパンメゾン、ルイ・ロデレールを経営するルゾー家です。

＊2 大人気ワイン漫画「神の雫」に登場する十二使徒（12本の優れたワイン）のひとつ。ワインをイメージする心象風景が綴られた遺言状を手がかりに、主人公・神咲雫とライバルの天才ワイン評論家・遠峰一青が十二使徒を探し求めて死闘を繰り広げます。

第4話
パリスの審判
気楽な余興のつもりだったのに……ワインの歴史が大きく動いた日

ワイン史で最も重要な日を選ぶとしたら、間違いなく第一候補に挙がるのが1976年5月24日でしょう。「パリスの審判」。ワイン界に激震が走った日でした。震源地はフランス・パリ。この日を境にワイン界の勢力図、人々の認識が変化していきます。ギリシャ神話にもなぞらえられた大事件、いったい何が起きたのでしょうか？

余興のつもりだった試飲企画

「パリスの審判」のキーマンはスティーヴン・スパリュア。パリでワインビジネスを手広く手掛けていた実業家です。高級ワインショップを繁盛させ、さらにワインアカデミーも開校していました。ことの発端は1976年、アメリカ建国200周年の記念イベントとして企画された「フランスワインとカリフォルニアワインの飲み比べ」。同僚の提案を受けてスパリュアが開いた催しです。

当時のフランスはカリフォルニアワインなどまったく眼中にない時代。「ワインといえばフランス」が常識で、「偉大なワインはフランスでしか生まれない」と考えられていました。カリフォルニアワイン自体ほとんど輸入されておらず、誰も飲んだことがないような状況だったんです。そこでスパリュアはイベントを通じて「フランスでは無名だけど高品質なカリフォルニアワイン」をアピールすることにしたわけ。両国にとっても有意義な機会になるはずですし、イベントの目的そのものは自身のワインショップやアカデミーの宣伝だったので、飲み比べはほんの余興ていどに考えていました。

ほんと、めっちゃ軽い気持ちだったんですよね……。

万が一に備えた保険はフラグだらけ？

イベントの飲み比べはこんな感じです。産地や銘柄などを伏せて試飲するブラインドテイスティング形式。白ワインと赤ワインの2部制。白と赤各10本が用意され、それぞれ内訳はカリフォルニアワインが6本、フランスワインが4本……ん？　それって統計的にフランスワインが不利なのでは？　でも、イベントの趣旨的にはカリフォルニアワインを多く入れたい。それにフランスワインが負けるわけがないので問題ないっしょ！　というわけです。

……とはいえ万が一ですよ？　フランスワインの名誉を傷つけるような事態が起

きてしまったら、自社ビジネスに悪影響を及ぼすおそれもある。そもそもフランスワインを打ち負かすことが目的のイベントじゃないですし。

そこは計算できる男スパリュア、しっかり保険をかけます。フランス側の白ワインにはブルゴーニュの特級畑物、赤ワインにはボルドーの1級シャトー物と最強の面子をそろえておくことにしました。万全を期すとはまさにこのこと！

……いまにして思うとフラグのオンパレードなんですけど、このときはまだ誰もこれから訪れる結末を想像すらしていなかったのです。

どれがフランスワインかわからない！

ついにその日がやってきました。1976年5月24日、パリのインターコンチネンタルホテル。審査員はスパリュアがコネを総動員して集めた9名の錚々たるメンバーでした。「ロマネ・コンティ」（第15話）を造るDRC社の経営者オベール・ド・ヴィレーヌ、「ボルドー格付け」（第2話）の3級、シャトー・ジスクールの支配人ピエール・タリをはじめ、三つ星レストランのシェフや有名ワイン誌の編集者など、いま同じことをやろうとしても集めるのはほぼ不可能なレベルの顔ぶれ。そして全員がフランス人です。

実はスパリュア、審査員には事前に「カリフォルニアワインの試飲会」としか伝えていませんでした。直前になってフランスワインとのブラインドテイスティング対決であることを明かしたのですが、特に異議はなし。「ブラインドだろうとフランスワインの味を間違えるはずがない」。誰もがそう思っていたんです。

そしていよいよテイスティングがはじまりました。

まずは白ワインから。審査員は香りをとり、口に含んで味わいを確認し、当時メジャーな評価方法だった20点満点で採点していきます。余裕のテイスティング……と思いきや、次第に審査員の顔色が変わってきたんです。

ほらほら、フラグの回収がはじまったよ……！

下馬評どおりにフランスワインが圧倒的に優れているなら、審査員の意見は一致するはず。なのにバラバラ。ある者はフランスワインだと言い、ある者はカリフォルニアワインだと言う。しかも、審査員ごとに採点はまちまち。気軽な余興だったはずの試飲対決の場に漂いはじめた妙な空気……。

「フランスワインに違いない」。ひとりが断言しました。しかし、カリフォルニアワインでした。「香りが全然ないからカリフォルニアワインだろう」。またひとりが確信を持ちました。ですが、特級畑で造られた超高級フランスワインでした。

混迷を極めた白ワインテイスティング。焦りの表情を浮かべる審査員を尻目に採点結果が発表されました。1位に輝いたのは……もう、おわかりですよね？　「シャトー・モンテレーナ 1973年ヴィンテージ」。（会場的には）まさかのカリフォルニアワインだったんです！

予想外の結果に会場はざわめきました。顔が引きつる審査員。無理もないですよね。フランスで開催された試飲対決で、フランスを代表する審査員が、フランスを代表するワインを敗北させてしまったわけですから。心中お察しいたします……。

異様な空気が会場を覆っていました。けれども、気を取り直していくしかありません。こんどはフランスの頂点を極める赤ワインたちの出番です。

「もう間違いは許されない」。本来ならフランスワインの勝利は約束されたものであり、カリフォルニアワインの健闘を褒め称えて終わるイベントだったはず。事ここに至ってはそんな余裕はなくなり、もはや審査員の心はひとつに。「何がなんでもフランスワインを勝たせたい！」。主催したスパリュアだって心中穏やかではなかったはずです。そしてテイスティングは終了――。

審査員の願いは叶いませんでした。1位に選ばれた（というか、みなさんが選んだ）のはやっぱりカリフォルニアワイン！　「スタッグス・リープ・ワイン・セラーズ 1973年ヴィンテージ」。しかも、シャトー・ムートン・ロートシルトやシャトー・

オー・ブリオンといった超一流のワインを抑え込んでの1位。信じられない結末に、会場は静まり返ってしまいました。

カリフォルニア勝利のニュースがワイン史を変えた

試飲対決の一部始終を目撃していた記者がいました。ジョージ・テイバー。米タイム誌のパリ特派員です。イベント取材を依頼されたテイバーは期待せずに会場を訪れていました。「どうせフランスワインが圧勝するつまらない結果になるんだろ?」。実はフランス国内メディアはどこも招きに応じず、テイバーがその場にいた唯一のメディア関係者だったんです。もし彼がいなければ、この対決の結果はフランスワイン界の黒歴史として世に出ることはなかったかもしれません。テイバー的にはスクープがとれてラッキー。フランスワイン界的には実にアンラッキーでしたね……。

タイム誌が1976年6月7日、「Judgement of Paris(パリスの審判)」と題してパリ対決の顛末をささやかに報じたところ……大騒ぎに!

テイバーは目の前で起きた出来事を「パリスの審判」というタイトルでタイム誌に掲載しました。カリフォルニアワインが名だたるフランスワインを打ち破った——そのセンセーショナルなニュースは瞬く間に世界を駆け巡りました。

この日まで、「ワインといえばフランス」が常識でした。「フランス以上にワイン造りに適した気候や土壌を有した国はない」と考えられていたんです。しかし、カリフォルニアワインの勝利は「フランス以外の地域でも偉大なワインが造れる」ことを証明しました。もうフランスの一流ワインに気後れする必要はないんです。

「パリスの審判」は世界中のワイン生産者を奮い立たせました。努力すればフランスをしのぐワインが造れるかもしれない。この興奮は世界的なワインのレベルアップにつながっていきます。カリフォルニアでは少量生産で品質にこだわり抜いた「カルトワイン」と呼ばれる高級ジャンルが隆盛。チリやアルゼンチン、オーストラリアなどでも次々に高級ワインブランドが誕生していきました。

一方、「パリスの審判」はフランスワイン界に影を落としました。審査員はもちろん、主催したスパリュアも批判の的となり、国内メディアは3か月間もこの件に触れなかったといいます。[*1] ただ、時が解決するんです。フランス以外にも優れたワインがある。世界を認めたフランスではその後、国境を越えた技術交流が盛んになり、ワインの世界は急速にグローバル化していきました。なんだかんだと結果オーライの方向に進んでいった感じ？　期せずして、スティーブン・スパリュアは現代ワイン界の功労者になってしまったのかもしれませんね。[*2]

＊　＊　＊

ギリシャ神話の「パリスの審判」では、トロイアの王子パリスが最上の美を競う三女神のなかからアフロディーテを選び、それが発端となってトロイア戦争が引き起こされました。現代版「パリスの審判」では、カリフォルニアワインが最上に選ばれました。テイバーは記事執筆当時、もしかしたらその後、ワイン界に新旧世界の対立が訪れることを想像していたのかもしれません。だとしたら、テイバーの予測は思わぬかたちで裏切られたことになりますね。

ワイン史の転換点となった「パリスの審判」。カリフォルニアワインを飲むときは、ぜひこの物語を添えて。

＊1 フランス国内ではブラインドテイスティング対決の条件に対する批判もあったようです。そもそも長期熟成を経て味を完成させるボルドーワインと早熟のカリフォルニアワインを比較するのは間違っているなど。とはいえ、結果は出てしまい、世界的なニュース誌が報じてしまったあとではもう……。　**＊2** スティーブン・スパリュアはその後、ワイン評論家として活躍し、チリワインの名声を高めた「ベルリンテイスティング」（第8話）を主催するなど業界を賑わせました。2021年死去。

第5話

「カリフォルニアワインの父」は屈しない

ワイン人生を最後まで味わい尽くしたロバート・モンダヴィの物語

世界有数のワイン産地として知られるアメリカ・カリフォルニア。はっきり言って1970年代までは「質より量」の廉価で冴えないワインの産地でした。それがいまや世界最高レベルのワインをも生み出す銘醸地となっています。その背景には「カリフォルニアワインの父」と呼ばれる男の功績がありました。

ロバート・モンダヴィ。今日のカリフォルニアワインの隆盛は彼抜きでは語れません。カリフォルニアワインの発展に捧げた生涯はまさに波乱万丈でした。僕はバイタリティにあふれたロバートの仕事ぶりから、疲れを吹き飛ばす活力をもらっています。そんなロバートの〝屈しない人生〟について語りましょう。

52歳で新たなワイン道へ

いまでこそ「カリフォルニアワインの父」と称えられるロバート・モンダヴィですが、実は優れた醸造家としての歩みをはじめたのは遅く、もう若手とはいえない50代のときでした。きっかけは1962年、ヨーロッパ各地のワイナリーへの視察旅行。

そこでロバートは自身のワイナリーとのレベル差に衝撃を受けたんです。「ぶどうの栽培法や醸造法、情熱やこだわり、何もかもがカリフォルニアワインとは違う。大量生産のアメリカのワインとは違い、ヨーロッパのワインは芸術だ！」

進むべきワイン道を見つけてしまったロバート。興奮冷めやらぬまま帰国し、家族にワイン造りの方針転換を宣言します。フォローミーー！　でもみんなドン引きでした。それもそのはず。だってモンダヴィ家のワインビジネスは順調だったんですから。生活は安定しているのにあえてリスクを冒す必要ある？　畑の購入や設備投資にかかる莫大なコストはどうすんの？　特に弟ピーターと母が大反対。折れないロバートとの対立は何年も続き、ついにはもともと折り合いの悪かったピーターと殴り合いの喧嘩にまで発展！　そして１９６５年、ロバートは事実上家業から追い出されてしまったんです。

でも「カリフォルニアワインの父」はこれでへこたれるタマじゃありません。万事休す……とはならず、むしろこれ幸いと動き出します。「そうだ、自分のワイナリーを作ろう」。ポジティブモンスターなの？　休職中のロバートはカリフォルニアの銘醸地ナパ・ヴァレーに「ロバート・モンダヴィ・ワイナリー」を設立してしまったんです。１９６６年、ロバート52歳、人生の折り返し地点。息子たちとはじめた挑戦でした。弟ピーターと修復不能レベルの物別れに終わったことは心残りだけど……。

第二の人生を謳歌する

ロバート第二の人生がスタートしました。もうロバート・モンダヴィ・ワイナリーを成功させるしかありません。目指すはボルドーの格付けシャトー[第2話]にも比肩するワイン。ロバートはヨーロッパ視察の学びをいかし、最先端の手法や考えを取り入れることで高品質なワインを造り出していきました。白ワインのクオリティで市場を驚かせ、赤ワインでもヒットを飛ばすうちにワイナリーは大成功を収め、カリフォルニアで確固たる地位を築くことに。さすがは完全を求める男の仕事っぷりです！

でも本当にすごい点は多くの優秀な後進を育てたことなのかも。いつしかカリフォルニアワインのリーダーとなっていたロバートのもとには高い志を持つ若者が集まり、ロバートもまた自身の知見を惜しみなくシェアしました。カリフォルニアワイン全体のレベルアップを夢見ていたんですね。

ロバートのもとを巣立っていった若者のなかには、あの「パリスの審判」[第4話]でフランスワインを打ち破ったワインの造り手もいます。[*1] ロバートの薫陶を受けて活躍する若者たちはさながら「モンダヴィ・マフィア」といったところでしょうか。

まさしく「カリフォルニアワインの父」にふさわしい存在となっていったロバート。すでに60歳を超えていたとはいえ、彼の辞書に定年なんて言葉はありません。むしろなお意欲的に、世界の名門ワイナリーとの遠距離コラボを次々とこなしていきました。1978年(65歳)にはシャトー・ムートン・ロートシルト(第1話)の当主、フィリップ男爵と組んで「オーパス・ワン」(第6話)を、1995年(82歳!)にはイタリア・トスカーナ州の名門フレスコバルディ家と「ルーチェ」を、そしてチリの老舗エラスリスとは「セーニャ」(第8話)を送り出しています。いずれも世界に名だたる高級ワインたちです。

90歳を超えても巨匠は走り続ける

さて、とどまるところを知らないように見えたロバート・モンダヴィ・ワイナリーですが、2004年、アルコール飲料の世界最大手コンステレーション・ブランズに買収されることになりました……って、え⁉ 急展開すぎない?

実は会社の内情は複雑化していました。ロバートの後継者である息子ふたりが意見対立で確執を深め、組織は再編必至。そんな状況での買収劇。最終的にロバートも息子たちもワイナリーから去ることになったんです。だから現在のロバート・モンダヴィ・ワイナリーにはモンダヴィ一族は誰も残っていません。兵(つわもの)どもが夢の跡というか、なんとも不思議な感じがしますよね……。

半生を捧げてきたワイナリーを失ったロバート。もう90歳を超えています。失意にあるとはいえ財は成したし、あとは余生を存分に……とはならないのがやっぱりロバートでした！　情熱の炎はまだ消えず。２００５年、なんと新たなワイナリー、コンティニュアム・エステートを次男ティム、長女マルシアとともに立ち上げたんです。ウソでしょ⁉　なんとも年齢に触れて恐縮ですけど、もう92歳ですよ？　それでもってこのワイナリーもきっちり成功させているんですから、手腕も意思の強さも尋常じゃない！

ワイナリーの名、コンティニュアムには「継承」という意味が込められています。ロバートが築いてきたカリフォルニアワインの歴史を次代へ託す——そんな想いを感じますよね。

やり残していた最後の仕事

仕事をやり遂げる男ロバート・モンダヴィ

「カリフォルニアワインの父」と称えられるロバート・モンダヴィ。1913年生まれ、10歳でカリフォルニアに移住。生涯をこの地におけるワイン造りに捧げました

は2005年、〝最後にやり残していた大仕事〟に取り掛かりました。なんと泥沼裁判を繰り広げ、絶縁状態にあった弟ピーターと和解を果たしたんです。決別から40年。ロバートもずっと気になっていたんでしょうね。

そしてワインに人生を捧げたふたりらしく、「アンコーラ・ウナ・ボルタ」という名のワインをともに造り上げます。イタリア語で「再び」を意味するワインは、イタリアにルーツを持つモンダヴィ家の再出発にふさわしいものでした。

このちょっとほろ苦くもある1樽のワインはオークションに出品され、40万ドル（約4千万円＝当時）もの金額で落札されています。まったく最後までビッグな仕事をやり遂げる男ですね！

＊　＊　＊

2008年、ロバート・モンダヴィは94歳で亡くなりました。最後の一滴までワインを味わい尽くすかのような人生でした。カリフォルニアワインにはロバートの想いが宿っている――たまにはそんな感慨にふけって飲んでみるのもいいですよね？

＊1「パリスの審判」（第4話）で1位の赤ワインを造ったスタッグス・リープ・ワイン・セラーズの設立者ウォーレン・ウィニアスキーや、白ワイン1位「シャトー・モンテレーナ」の醸造家であるマイク・ガーギッチはいずれもロバート・モンダヴィ・ワイナリーで経験を積みました。

第6話

もしワイン界の巨匠が手を組んだら

国境を越えた夢の推しカプ！ 米仏の重鎮が生んだ「オーパス・ワン」

誰もがワイン界の最高峰と認めるフランス・ボルドーの1級シャトーと、新世界でトップクラスのワインを生み出すアメリカ・カリフォルニアの一流ワイナリー。両者が手を組んだらどんなワインが誕生するのか、考えただけでワクワクしませんか？

「あのシャトーとこのワイナリーがくっつけばこんなワインが……」。〝推しカプ〟妄想が止まりません。ワイン好きならこの気持ちをわかってくれるはず！

「オーパス・ワン」。この世界屈指の知名度を誇る高級赤ワインは、ある意味、すべての愛好家が夢見た〝俺達の考える最強コラボワイン〟なんです。

アメリカ進出を狙うムートン当主

1960年代のワイン界はヨーロッパが中心、権威といえばフランス。その周縁にいたアメリカのカリフォルニアワインなんて誰も注目していない——そんな時代に、まさに権威の象徴であるボルドーの超名門シャトー・ムートン・ロートシルト第1話を率いるフィリップ・ド・ロスチャイルド男爵は、カリフォルニアワインの成長ぶりを高く評価していました。

先見の明のあったフィリップから見れば、カリフォルニアはポテンシャルのかたまり。その恵まれた大地に、ボルドーの磨き上げられた伝統を持ち込めば、きっと優れたワインを生み出せるに違いない――。フィリップはカリフォルニアへ進出する機会をうかがっていました。

でも、ボルドーから遠く離れた地でワイン事業を成功させることは、フィリップほどの凄腕とて容易な話じゃありません。そこで最上のパートナーとして選んだのが、カリフォルニアのワインメーカー、ロバート・モンダヴィでした。当時ロバートは自身のワイナリーを立ち上げてわずか4年。100年を超える歴史を持つムートンとは不釣り合いにも見えますが、英雄は英雄を知るということか、ふたりは意気投合。フィリップは胸に秘めていた計画を打ち明け、未来のコラボを約束し合ったんです。1970年のことでした。それから10年近くの〝熟成期間〟を経て、ふたりの計画は本格始動することになります。

米仏ワイン界の重鎮が夢のワインを語り合う

フィリップとロバート、ふたりの計画に動きが見えない10年ほどの間に、カリフォルニアワインを取り巻く状況は劇的に変化していました。

　思えば1970年代はフランスとアメリカ、ひいては世界のワイン界にとって大きな転換点となる時代でした。1976年の「パリスの審判」第4話で、カリフォルニアワインがフランスの誇る高級ワイン勢を打ち負かして以来、カリフォルニアは優れたワインを生み出す銘醸地として一躍世界の注目の的となっていましたし、銘酒を次々と造り出すロバート・モンダヴィ・ワイナリーの当主ロバートも、高品質なカリフォルニアワインの先駆者として、その名を世界に轟かせていました。

　カリフォルニアが飛躍し、フランスがワイン界の絶対的中心とは言い切れなくなった時代。フィリップも一族悲願のムートン1級昇格という大仕事を終え、転機を迎えていました。ようやく機は熟したようです。ふたりは例の構想を実行に移すべく動き出します。

　1978年、ビッグネームたちはボルドーに構えるムートンの邸館で再会を果たしました。そこでふたりは夢の……という会談内容の前に、ワインオタクの性か、どうしても気になってしまうのは、この会食で振る舞われたワインのこと。伝え聞く話では100年物のシャトー・ムートン・ロートシルトでのどを潤し、伝説的な貴腐ワイン、シャトー・ディケムの1945年ヴィンテージに酔いしれたとか……どちらも一滴でいいから舐めてみたい天上の雫じゃないですか！　さすがは超名門ムートンの秘蔵ストック。さぞや気分上々でコラボ談義も弾んだのかと思いきや、この席では言及されないまま。[*1] 明朝、仕事場でもある寝室を訪ねてくるよう言い残してフィリップは退出したのだそう。……10年近くも待たせたうえに、男爵、焦らしますね！

そして翌朝、ふたりが語り合ったのが、互いに10年近く抱いてきた〝夢のワイン〟の構想でした。

そのワインとは、ボルドーとカリフォルニアの文化、伝統を融合したものであり、同時に比類なき芸術品でなければならない――。ずいぶんとハードルの高そうな話ですが、〝完璧を求め、妥協を許さない〟ふたりが高みを目指すのは当然ですよね。こうして意見の一致を見た米仏ワイン界の巨匠によってジョイントベンチャーが設立され、ワイン造りが始動したんです。カリフォルニア、ナパ・ヴァレーの地で、ボルドーのスタイルにならった究極のワインを目指します。

ぶどう畑の提供や管理、醸造などの役割をそれぞれのスペシャリストが担い、ときには意見を衝突させながら、〝夢のワイン〟に近づいていく日々……ではありましたが、妥協を許さぬ大御所ふたりのもとで進められるプロジェクトですからね。その共同作業にともなう困難の大きさは、ちょっと想像できないかも。

巨匠たちが創造した作品「オーパス・ワン」

そうして完成したワインが「オーパス・ワン」でした。ラテン語で「作品番号1番」を意味する言葉を与えられた、巨匠たちの創造物。「1本のワインは交響曲であり、1杯のグラスワインはメロディのようなものだ」――芸術をこよなく愛するフィリップの想いを込めた名前でした。いい響きですよね。

オーパス・ワンのラベルには、ふたりの男性の横顔が背中合わせで溶け合うように描かれています。言うまでもなく、フィリップ・ド・ロスチャイルドとロバート・モンダヴィです。西を向くフィリップと東を向くロバート。大西洋を挟んで互いの土地を見つめ合うふたりの姿をあらわしています。

オーパス・ワンの創造によってカリフォルニア・ナパ地区のポテンシャルは世界から注目を集めるように。巨匠ふたりの仕事はその後の影響も含めて偉大です

1984年、オーパス・ワンがお披露目されました。*2 フィリップとロバートという超大物どうしのドリームコラボ、ボルドーを思わせる力強くも優美な味わい、そし

て1979年と1980年のヴィンテージを同時リリースする仕掛けも話題を呼び、即完売。その後も、オーパス・ワンは一時的なブームにとどまらず、苦戦の時期も乗り越えて、アメリカを代表するプレミアムワインへと成長していきました。

ボルドーの磨き上げられた伝統は、カリフォルニアの地でも優れたワインを生み出せることを証明してみせたフィリップ。ロバートを相棒に選んだ彼の目に狂いはなかったわけですね。

＊＊＊

オーパス・ワン・ワイナリーは2005年、ロバート・モンダヴィ・ワイナリーを買収したコンステレーション・ブランズとムートンの共同経営となりましたが、その独立性は維持されたまま現在に至っています。

近年はより味わいが洗練され、〝バランス型の究極形〟へと進化を重ねたオーパス・ワン。その圧倒的な完成度の高さが、世界中の愛好家から愛される理由です。

＊1「最高のワインをめざして　ロバート・モンダヴィ自伝」ロバート・モンダヴィ著・大野晶子訳・石井もと子監修・早川書房・1999・p.227　＊2 ちょっとだけお求めやすいオーパス・ワンブランドなら「オーバーチュア（序曲）」をどうぞ（1本約3万円）。ただし、毎年造られるわけではないため希少な赤ワインです。

第７話

「イタリアの至宝」が生まれた理由

元祖スーパータスカン「サッシカイア」を生んだ侯爵の破天荒なこだわり

「イタリアの至宝」と呼ばれるワインがあります。芸術の都フィレンツェを州都とするトスカーナ州で造られる赤ワインです。

トスカーナはイタリア原産のぶどう品種「サンジョヴェーゼ」の名産地。*1 でも「イタリアの至宝」が使うぶどうはフランス原産の「カベルネ・ソーヴィニヨン」なんです。わざわざ？　なんで？　その理由はだいぶ破天荒なものでした。

至宝を創造したことで法律まで変えさせた男の話をお届けしたいと思います。

侯爵の異常な愛情

１９４０年代、トスカーナ州沿岸部のボルゲリ地区。この土地で赤ワインを造りはじめた男がいました。マリオ・インチーザ・ロケッタ侯爵。そう、貴族様です。

ちょっと心配です。だってボルゲリは海風の影響により気候が冷涼で、サンジョヴェーゼの育成に不向きだったから。この土地では長らく安価な白ワインやロゼワインが造られているだけでした。ただ、よく見ると……侯爵が栽培しているぶどうはサンジョヴェーゼではなく、カベルネ・ソーヴィニヨン！　フランスの銘醸地ボルドーで主に栽培されるぶどう品種じゃないですか！

これもちょっと心配です。いくらサンジョヴェーゼに不向きな土地だからって、よりによってフランスのぶどうをトスカーナで栽培するなんて。ここサンジョヴェーゼの聖地ですよ？

でも、かまわないんです。地元ラブな人たちから白い目で見られちゃいません？

の道が残されていなかった」んですから。だって、侯爵が好きだったのはボルドーワイン。第二次世界大戦がはじまってフランスワインの輸入が規制されてしまったため、「めっちゃ好きなボルドーワインを飲むには、自分でぶどう栽培からはじめるしかなかった」んです！

……いやいや！　いきなりそこいきます!?　「無いなら造る」の精神は非常によくわかりますけど、輸入再開を待つことはできないんですか？　ワインをイチから造り上げるまでの時間は待つ覚悟があるのに？

常人では理解しがたい発想力ですが、ここからがまたすごい。なんとボルドーのシャトー・ラフィット・ロートシルトのオーナーに連絡して、カベルネ・ソーヴィニヨンの苗木を送ってもらっているんです。自ら育てたいからって。でも相手は

「5大シャトー」の筆頭格ですよ？　ラフィットのオーナーとは以前から仲が良かったとはいえ、それにしたって欲望に忠実すぎ！　行動力ありすぎ！

至宝、創れちゃいました！

ともあれ、ラフィットの苗木という最強アイテムをゲットした侯爵。妻との結婚を通じて入手したボルゲリの農園にカベルネ・ソーヴィニヨンを植え、ワイン造りを開始します。これが伝説のはじまりでした。

実は侯爵、勘づいていたんです。ボルゲリはサンジョヴェーゼの栽培に不向きでも、カベルネ・ソーヴィニヨンの栽培には最適な環境だということを。

ボルドーワインに心酔していた侯爵は、ボルドーの土壌が小石まじりであることを知っていました。ボルゲリもそれと似た土壌だったんですよね。ということは、ボルゲリではボルドーに似たワインを造れるんじゃない？

侯爵の思惑は的中しました。ボルゲリの土壌でもカベルネ・ソーヴィニヨンは立派に育ったんです。そうして、それまで忘れ去られていたようなボルゲリの地から、ボルドーの一流シャトーにも負けない赤ワインが誕生することになったのです。まさか本当に結果を出すなんて！

このボルドースタイルの赤ワインは「サッシカイア」と名付けられました。石（サッシ）だらけの場所（カイア）で生まれた――ということですね。

侯爵の自家用ワイン、世界にバレる

侯爵はサッシカイアを自家用ワインとして、家族や友人と楽しんでいました。そりゃそうですよね。自分がボルドーワインを飲みたい一心で造ったわけですし。

でも、おいしいものにフタはできません。侯爵のワインはいつしか噂が広まり、興味を持ったワイン愛好家からラブコールが集まりはじめたんです。そんなニーズに応えるように1968年、侯爵の秘蔵っ子だったサッシカイアがとうとう一般向けに販売されることに。その流れで伝説的な醸造家ジャコモ・タキスが招聘され、サッシカイアはさらに品質を高めていきました。

そして1978年、サッシカイアが世界的な存在となる出来事が起きました。英デキャンタ誌が企画したブラインドテイスティングに出品されたサッシカイアが、シャトー・マルゴー第26話をはじめとする世界の有名ワインを抑えて1位に輝いてしまったんです。

イタリアのボルゲリはワイン界にとってはノーマークの地。そこで生まれた〝ボルドーインスパイア系〟の異端児サッシカイアがまさかのトップに。これ以降、サッシカイアには世界中のワイン愛好家から熱い視線が注がれるようになります。

至宝なのに底辺の扱い？

侯爵の執念が生み出したサッシカイア。評判が評判を呼び、「イタリアの至宝」クラスの扱いを受けるワインとなったわけですが、実はワイン法上では底辺の扱いを受けていました。ワイン法が定める最低カテゴリ（ＶｄＴ）、つまりテーブルワインとして流通することになってしまったんです。至宝なのに！

でも、当時のワイン法では仕方がなかったんです。原産地呼称制度では、地区やぶどう品種、製法などの規定に従って造られたワインが格付けされます。トスカーナ州の赤ワインであれば、少なくともサンジョヴェーゼから造らないと格付け対象になりません。だから「ボルゲリ地区で、カベルネ・ソーヴィニヨンから造った赤ワイン」なんてまったくの想定外だったんです。侯爵が新しすぎることをやるから！

それでも、〝格付け底辺のサッシカイア〟の名声はかえって日増しに高まるばかり。世界的な評価を獲得してからもう10年以上が経っています。市場では格付けワインよりも高値がつき、さらにはサッシカイアに影響を受けた生産者たちが、格付けなんで関係ないと言わんばかりにボルゲリで赤ワインを造りはじめちゃったんです。

そうしたサッシカイアブームを受け、ついにイタリアワインの歴史が動くことになります。

サッシカイアのための格付け

１９９４年、サッシカイアの昇格が発表されました。格付けは２番目のＤＯＣではあったものの、[*2] ワイン法に新たな格付け名称「ボルゲリ・サッシカイア」を追加する異例の措置。名乗るための条件は「サッシカイアであること」でした。

格付けは産地や製造規定などを満たしたワインに与えられるものなのに、ボルゲリ・サッシカイアは〝侯爵が造ったサッシカイアのためだけに

マリオ・インチーザ・ロケッタ侯爵のワイナリー、テヌータ・サン・グイドが造る「サッシカイア」。スーパータスカンブームの火付け役です

追加された超特例の格付け〟となったんです。

単独の生産者のためにDOCが作られたのは初のケース。ゆえに、「イタリアの至宝」サッシカイアは、「法律さえ変えさせたワイン」としても語られています。

すべては侯爵の「ボルドーワイン飲みたい！」という衝動から生まれました。サッシカイアを口にするときは、心の声に正直に従ってくれた侯爵に深い感謝を込めて。

＊　＊　＊

サッシカイアの成功はトスカーナ州において、多くのフォロワー「スーパータスカン」を生み出しました。〝トスカーナを超えたトスカーナ〟を意味するワインたちです。法律に縛られず、優れたワインを目指す生産者たちは、スーパータスカンを続々と世に送り出し、ボルゲリを世界的な銘醸地に育て上げていきました。

いまやスーパータスカンの多くが高級ワインです。なかにはサッシカイアを超える価格のものも存在します。それでもスーパータスカンの元祖は、マリオ・インチーザ・ロケッタ侯爵が造ったサッシカイアなんです。忘れないでくださいね。

＊1 サンジョヴェーゼから造られるトスカーナ州の超有名ワインといえば「キャンティ（第28話）」。庶民派赤ワインとして長い歴史を持っています。　＊2 イタリアのワイン法における最上位格付けは「DOCG」。「ボルゲリ・サッシカイア」をそのひとつ下の「DOC」にとどめた理由は、トスカーナの伝統を守りたいというイタリア政府の意地があったとかなかったとか……。

第8話

ベルリンテイスティングの興奮

〝安うま〟だけじゃない！ チリのプレミアムワインが世界に示した実力

南米のチリは「3Wの国」と呼ばれます。すばらしい天候(Weather)、すてきな女性(Women)、おいしいワイン(Wine)。それで3Wというわけ。

チリ産ワイン、おいしくて人気ですよね。コンビニでよく見かける「アルパカ」はその象徴的なワインです。首の長いもふもふボディのシルエットロゴはおなじみでしょう。1本600円くらいのお手ごろ価格で確かなおいしさ。まさにコスパワインの極み。実はアルパカって日本で売上金額トップのブランドなんですよ。*1

チリワインはアルパカに限らず、安くておいしい銘柄が多いんです。特に赤ワインは秀逸。果実味たっぷりで飲みごたえもばっちり。同等のクオリティを持つフランスワインの半額以下で買えたりするのもありがたいですよね。ただ、いまのチリワインは〝安うま〟なだけじゃありません。そこ、ぜひ知ってほしいんです！

安うまワインばかりじゃないのに！

日本でチリワインの消費が伸びたのは1990年代の赤ワインブームがきっかけ

でした。みのもんたがテレビ番組で「赤ワインにはポリフェノールが豊富に含まれていて健康に良い」と紹介するや人気が爆発。安価だったチリ産の赤ワインが注目を集め、輸入量が激増したんです。みの、インフルエンサーすぎ！

2007年以降、チリワインは関税率が引き下げられてより安く入手できるようになり、[*2] 安うまのイメージは決定的なものとなっていきました。日本のワイン輸入数量を国別に見ると、例年チリとフランスがトップを争っていますが、輸入金額で比較すると、チリはフランスの3分の1程度。いかにチリワインが安いのかがわかりますね。

ただ、チリのワイン生産者は、チリワインの安うまイメージが世界的に定着していくことに危機感を持っていたんです。

「パリスの審判」の仕掛け人、再び

チリにも立派な高級ワインがあるんです。名門ワイナリー、コンチャ・イ・トロの「ドン・メルチョー（赤）」や、同社とシャトー・ムートン・ロートシルト（第1話）のコラボで生まれた「アルマヴィーヴァ（赤）」はその代表格といえます。ワインビジネスにとってブランドイメージは利益に関わる大事な要素。でも、このままではチリでどんなに高品質なワインを造っても、チリワイン全体の安うまイメージに埋もれてしまうおそれがありました。

チリワインは〝安いわりにおいしい〟だけじゃない。ワイン造りの高いポテンシャルと技術を持ち、そこから生まれるプレミアムワインは、けっしてヨーロッパの銘醸ワインに劣るものではない――それを証明するために開催されたのが「ベルリンテイスティング」でした。チリの高級ワインとヨーロッパを代表する一流ワインを、ブラインドテイスティングで評価するという催しです。

イベントを主催したのはチリの名門ワイナリー、エラスリスの当主エデュアルド・チャドウィックと、イギリスのワインコンサルタント、スティーヴン・スパリュア。ん？　スパリュア？　……そう、あの「パリスの審判」第4話の仕掛け人です。まったく、物議を醸しそうなイベントが好きな人ですよね！

世界に衝撃を与えたベルリンテイスティング

運命の日は２００４年1月23日、場所はドイツ・ベルリンのリッツ・カールトン・ホテル。トップソムリエやワインジャーナリスト、バイヤーなど36人の審査員が集まりました。

「パリスの審判」の時のような気楽な雰囲気とは違い、テイスティングは厳粛な空気のなかで進行していったようです。審査員のテーブルに置かれた赤ワインはフランス6本、イタリア4本、チリ6本。もちろん、どのワインも素性は伏せられています。審査員は視覚、嗅覚、味覚を頼りにワインを採点、その合計点がもっとも高いワインがナンバーワンとなるわけです。

チリワインを包囲したフランス&イタリア連合は錚々たる顔ぶれでした。シャトー・ラフィット・ロートシルト、シャトー・ラトゥール、シャトー・マルゴー[第26話]といったボルドーの1級がそろい、イタリアからは高名なスーパータスカン[第7話]まで！　……ちょっと大人げなくない？　そんなレジェンド級が出てきちゃったら、さすがにチリワインの顔を立てる余地もないんじゃ……って、これはもう完全に「パリスの審判」的流れ。もはや結果を話すのも野暮なのでは⁉　でも、言わせてもらいます！

ベルリンテイスティングの1位に輝いたのは……チリ発エラスリスのフラッグシップ「ヴィニエド・チャドウィック」でした！　さらに2位もチリ。エラスリスとロバート・モンダヴィ[第5話]のコラボで生まれた「セーニャ」だったんです。

「パリスの審判」の悪夢、再び。ボルドーの1級ワインがまたも敗北……でもこれ、ヴィンテージのせいかもしれませんよね？　ワインは収穫年によって出来が大きく変わります。微妙な年を選んだ疑いだってあるわけです。ただ、そこは「パリスの審判」でいろいろ言われたスパリュア。そんな苦情もあろうかと、ベルリンテイスティングでは2000年物と2001年物を用意していました。特に2000年はボルドーの歴史的なグレートヴィンテージ(最高の年)だし、イタリアでも良い年。これではヴィンテージのせいにもできません。さすがスパリュア、抜かりなし!

歴史は繰り返すというか、ベルリンテイスティングの結果は当然ながらワイン界に大きな衝撃を与えました。なにしろそれまで〝安うまの代名詞〟だったチリワインが、ヨーロッパの超高級ワインを破って、ワンツーフィニッシュを決めたわけですから。

「これはチリワインの歴史における重要な転換点だ!」。チリにも世界の銘醸ワインに比肩する高品質ワインがあることを、ガチの試飲で証明できたんです。それを願って主催したチャドウィックが興奮するのももっともですよね!

あれ? でも結局チリワインは……

ベルリンテイスティングの興奮から20年が経ちました。あの日を境に日本でもチリワインを見る目が変わり、こぞって高級チリワインを買い求めるブームが……なんて世界線は訪れませんでした。残念ながら。そもそもチリの勝利も、そのプレミアムワインの存在も、愛好家以外にはほとんど知られていないのが現状です。
いまだ日本では〝安いわりにおいしいチリワイン〟のまま。もちろんそれがチリワイン最大の魅力であることは否定しませんよ？　でも、このままじゃベルリンの歴史的勝利が浮かばれないじゃないですか。僕としてはやっぱり〝その値にふさわしいチリワイン〟も味わってほしいと思うんです。

だから最後に僕の〝推しチリ〟をひとつ。それはベルリンテイスティングで2位になったセーニャ。第2話あの「カリフォルニアワインの父」とのコラボワインです。雰囲気はボルドー格付け上位のそれ。ボルドーから持ち込まれ、チリで成功したカルメネールというぶどう品種が少しだけブレンドされているのが、チリのトップワインとしてのアイデンティティです。

自分だけはチリの本気を知っている……秘密を味わう気分で飲んでみてください。

＊1 2023年1月〜2023年12月の輸入スティルワイン（赤・白・ロゼの一般的なワイン）市場で売上1位。アルパカ公式サイト（https://www.asahibeer.co.jp/enjoy/wine/alpaca/）より。＊2 現在チリワインの関税はゼロ。日本とチリの経済連携協定（EPA）は2007年に発効され、チリワインに対する関税が徐々に下がり、2019年に完全撤廃されました。ちなみに2019年には日本とEU間でもEPAが発効され、欧州ワインの関税が即時撤廃されています。それってどういうことかというと、輸入ワインが安くなるってことですね。

第9話

偽造ワインの王

ワイン史上最大の偽造事件を起こした「ドクター・コンティ」とは？

ワインを飲んでいるとき、「待てよ？　これ本物か？」って疑うことありますか？僕は1ミリもありませんし、仮に疑念を抱いたとしても、それはたぶん僕の舌のほうこそニセモノ。そんな僕がまかり間違って1本ウン十万円もするような高級ワインを買う機会があるなら〝偽造ワイン〟に注意しなければなりません。

そんなことありえるの？って思いますよね。でも、現実には高級ワインにニセモノはつきものなんです。ワイン鑑定のプロであるモーリン・ダウニーによると「高級ワインの5本に1本はニセモノ」なんて話も……怖すぎませんか？

「ドクター・コンティ」ワイン界にあらわる

2012年、ワイン史上最大の偽造事件が発覚しました。高級ワインのニセモノを造り、大量にばらまいた詐欺師ルディ・クルニアワンが逮捕されたんです。

実のところ高級ワインの偽造事件自体はたいして珍しくもないのですが、そこは「偽造ワインの王」の異名をとるクルニアワン、スケールが段違いでした。なんと被害総額は数百億円。超精巧なラベルを作り、究極の再現レシピの腕を持つクルニアワンが、ワイン業界の上流にいる人々をだまし続けたんです。

中国系インドネシア人であるクルニアワンがアメリカのワイン業界に姿をあらわしたのは2002年ごろ。オークションに希少ワインを繰り返し出品し、高額なワインを次々と落札する姿は、ワイン愛好家の多い富裕層からも注目の的でした。

クルニアワンはオークションを通じて築いた人脈をいかし、富裕層向けのワイン会を頻繁に開催。お金を積むだけでは手に入らない極レアワインを接待に使い、アメリカ社交界における地位を確立していきました。

超高級ワイン「ロマネ・コンティ」（第15話）を惜しげもなく振る舞っていたことから、「ドクター・コンティ」とも呼ばれていたとか。そんな希少ワインをなぜ大量に持っているのか、誰も疑わなかったの？　でも、事件後ならなんとでも言えますよね。もしロマネ・コンティが目の前にずらりと並んだりしたら……ハイ、僕なら理性が飛ぶ自信があります。

存在しないヴィンテージでやらかす

潮目が変わったのは2008年。クルニアワンはニューヨークで開催されたオークションに、いつものように希少ワインを出品します。そのひとつが、ドメーヌ・ポンソが造るグラン・クリュ（特級畑）「クロ・サン・ドニ」の1945年から1971年までのヴィンテージセットでした。ポンソといえば、ブルゴーニュの銘醸村モレ・サン・ドニのトップ生産者。そのグラン・クリュ、しかも古いヴィンテージ！　注目間違いなしの逸品！　でも、この出品がクルニアワンの悪事が発覚するきっかけになったんです。

異変に気付いたのはポンソの当主ローラン・ポンソでした。実はポンソにおけるクロ・サン・ドニの生産は1980年代から。ということは、クルニアワンが出品した1945年〜1971年のヴィンテージはこの世に存在するはずがない……いやいやルディ！　ちょっと詰めが甘すぎないか⁉　出品前に一度でもググればわかることでしょうよ⁉　カモにしていた富裕層をなめきっていたんですかね⁇

インターネットを通じて異常事態を知ったポンソは、ニューヨークに飛んで調査を開始。その結果、驚愕の事実が明らかになります。

なんと今回のクロ・サン・ドニに限らず、クルニアワンがこれまでオークションに出品したり、個人取引で愛好家に販売したりしていたワインもニセモノだらけだったことが判明したんです。クルニアワン自作の精巧な偽ラベルを貼った極レアワインに誰もがだまされていました。

さらに驚くべきは、ボトルの中身をただ詰め替えるのではなく、ワインそのものすら偽造していた点です。

超高級ワインを再現した意外すぎるレシピ

クルニアワンは安く古いワインをブレンドし、高級ワインそっくりの味わいを作り出していました。ときにはハーブや醤油なども混ぜていたのだとか。そのレシピ知りた……じゃなくて、そんなので高級ワインに似た味になることが驚きですよ！ ハーブと醤油で作るのはふつう、ドレッシングですからね！ もしかしてアッサンブラージュ（ブレンド）の天才なの⁉ やっていることは犯罪でも、クルニアワンの〝ワイン贋作師〟としての能力は本物でした。

それにしても、高級ワインを飲み慣れた富裕層や専門家が、〝クルニアワンの醤油入りワイン〟をありがたがっていたなんて、ワイン業界の沽券に関わる事件ですよね……。

ルディ・クルニアワンの偽造ワインレシピは
国家機密レベルの極秘事項？

ポンソやコレクターの告発によって数々の詐欺がバレたクルニアワンは2012年、ワイン偽造の容疑でFBIによって逮捕され、懲役10年の判決が言い渡されました。当然の結末でしょう。

もっとも、ワイン業界としてはこれからが大変です。ひとたび市場に流れてしまった偽造ワインを回収することはほぼ不可能。〝クルニアワン製高級ワイン〟はいまも1万本以上が流通していると見られています。高級ワインの主要マーケットのひとつである日本にとっては他人事ではないですよね。アナタが手にした、その素性のあやしい出物、もしかしたらクルニアワン製かもしれませんよ……?

偽造ワインを飲んでみたい?

クルニアワンは刑期を少し早く終え、インドネシアへ強制送還されました。懲りない男なんでしょうね。2023年、シンガポールのレストランで〝いかにも〟なイベントがひそかに開催されたんです。「クルニアワンの偽造ワインを本物と飲み比べる会」。悪趣味ではありますが、ニセモノとわかったうえで飲むわけですから問題はありません。〝世界をだました味〟を確かめてみたいという野次馬根性もよくわかりますしね……。神経が図太いというか転んでもタダじゃ起きないというか、クルニアワンという人物が見えてくる話です。

実は、この偽造事件を追ったドキュメンタリー映画「すっぱいブドウ」には、逮捕前のクルニアワン本人が何度も登場します。一見するとかなり社交的な好人物。まさに詐欺師の典型だったのかもしれません。

悲しいことに、クルニアワンの逮捕後も偽造ワイン詐欺が減ることはなく、むしろ増えているのが実情です。高級ワインは高騰して投機に利用されがちなうえ、「偽造ワインビジネスはリスクを冒す価値のある大金脈」であることをクルニアワンが証明してしまいました。いつの日かルディ・クルニアワンを超える天才ワイン贋作師が出てきてもおかしくないですよね。

＊　＊　＊

僕のような一般人はそもそも高級ワインにお目にかかること自体が稀ですし、ボトルからだけではとても真贋を判断できません。なので、高級ワインだけはフリマやネットオークションを使わず、信頼できるルートから買うようにしましょう。……え、それでもニセモノをつかまされないか不安ですか？　わかりました、仕方ない。それじゃあ、高級ワインを開けるときは僕が味を確かめに伺いますので、お声がけお待ちしています！

第10話 神の舌を持つ男

パーカーポイントを編み出した「ワインの帝王」ロバート・パーカー

ワイン業界史上最強のインフルエンサーといったら、ロバート・パーカーをおいて他にないでしょう。ユーチューバーじゃありませんよ？ 1980年代から活躍する「世界でもっとも有名なワイン評論家」であり、「ワインの帝王」であり、「神の舌を持つ男」です。インターネットすら存在しない時代から、長きにわたってワイン業界に影響力を持ち続けてきた大御所です。

パーカーが下す評価はワイン愛好家の道しるべでした。僕もそう。パーカーポイント高得点のワインはおいしいんです。おいしく感じるんです！ 値が上がるんです！ パーカーが残した伝説や功罪、ぜひシェアさせてください！

パーカーポイントの影響力が、やばい

ロバート・パーカーがワインに下す評価点のことを「パーカーポイント」と呼びます。「PP」「RP」とも表記されます。*1 パーカーポイントの発表の場となるメディアが「ワイン・アドヴォケイト」。1978年、当時弁護士だったパーカーが立ち上げた、

文字でいっぱいの職人気質なワイン評価誌です。パーカーポイントの満点は100点。とりあえずワインになっていれば50点が与えられ、要素に応じて加点していく方式です。それまでは星の数や20点法のレーティングが主流だったのですが、パーカーの採点方式はわかりやすさがウケて一気に業界に浸透していきました。

パーカーポイントの影響力はとにかくデカいんです。例を挙げると、フランス・ボルドーのシャトー・ヴァランドロー。デビュー作が1991年ヴィンテージと歴史の浅い生産者でしたが、パーカーが高く評価したことで人気沸騰。「シンデレラワイン」と呼ばれ、一時は「5大シャトー」を軽く超える値がついたことも(1本15万円とか!)。パーカーポイントがワインの市場価格に及ぼす影響力はずば抜けているんです。パーカーの評価によって一躍スターダムにの

ワイン評論家が言うことはあてにならないから、自ら評論家となったロバート・パーカー。いつの間にか神のような存在に……

し上がったポール・ラトーもまた、帝王の影響力を示す一例といえるでしょう。

未来のポテンシャルを感じ取る舌が、やばい

ロバート・パーカーはどうやって強大な影響力を持つに至ったのでしょうか。いくらワイン・アドヴォケイトが広告を入れず、購読料だけで成り立つ独立メディアだとはいえ、それだけじゃワイン業界の信用は得られません。ひとつのきっかけとなったのが、ボルドーワインの1982年ヴィンテージを巡る論争でした。パーカーのワインに対する常人離れした感覚が発揮された一件です。

ワインの出来はその年の天候に大きく左右されます。1982年のボルドーは暑く乾燥した年でした。ぶどうの糖度は上がり、果実味が豊かで熟成を待たなくても飲みやすいワインに仕上がったのですが、これだと当時のボルドーでは歓迎されません。「長期熟成してこそ偉大なヴィンテージ」。熟成しておいしくなるワインとは、タンニンや酸がきつくて最初のうちは飲みにくいもの。出来立てから飲みやすいワインは熟成には向かない――それがこの時代の定説でした。1982年物は酸が低いとして、多くの評論家から不出来の烙印を押されてしまったんです。

でも、パーカーはそうは考えませんでした。むしろ1982年物を「今世紀で最も

偉大なヴィンテージになる」と絶賛。他の評論家と真っ向対立。自分の舌を信じる男パーカー、ここは引けない！　その結果は……ご想像のとおりです。

１９８２年は傑出した当たり年として、いまやボルドーのヴィンテージで最高レベルの評価を得ています。まわりに流されず、多くの人が気付けなかった熟成ポテンシャルを感じ取ったパーカー。[*2] まさに「神の舌を持つ男」。この評論によってパーカーは「ワインの帝王」としての地位を確かなものにしていきました。

パーカー依存症になって、やばい？

１９９０年代から２０００年代にかけてのパーカーは、ワイン業界における支配的な存在でした。なにしろパーカーポイント高得点のワインは価格が高騰したうえに、高値であっても飛ぶように売れたんですから。

パーカーは自分の味覚に正直に点数をつける男でした。そうなると生産者がパーカー好みのワインを造るようになるのも必然。帝王が好むワイン――それは果実の風味が濃厚に感じられ、甘い樽の香りが強く、アルコール度数の高い、いわゆる「ビッグワイン」でした。そうして「パーカリゼーション」と揶揄されるほど、パーカーに迎合したワインがあふれていったんです。

パーカーの強すぎる影響力は批判もされましたし、パーカーポイントに依存する人々を皮肉る声も聞かれました。振り返ってみると僕もワインを飲みはじめたころは〝PP依存〟でした。「なるほど、パーカーポイント90点ってことはおいしいんだな」って。90点以上は高評価、95点以上なら最高レベルのおいしさ、逆に85点を下回ると厳しい印象……というのが僕とパーカーポイントの付き合い方だったんです。

でも、それでイイと思うんですよね。ワインの海では誰もが迷子になります。だから点数は指針として必要なんです。パーカーに限らず、評論家が好む味わいを理解すれば、よりいっそう自分好みのワインを選びやすくなりますし。

そして帝王不在の時代へ、やばい……？

2019年、71歳になったロバート・パーカーは後進に道を譲り、ワイン評論から完全に引退することを表明しました。いまは帝王不在の時代であり、ワイン多様化の時代です。パーカー好みのビッグワインが幅を利かせた時代は過ぎ去り、トレンドは冷涼な気候をいかしたエレガントなワイン、ヘルシーな食事にあう軽めのワイン、ロゼワイン、オレンジワインなどに移りつつあります。できるだけ化学薬品などを使わず自然な農法で造るナチュラルワインもすっかり定着しました。

SNSを通じて誰もが気軽に情報を発信でき、価値観が多様化した社会を考えると、もうパーカーのように強大な影響力を持った評論家はあらわれないかもしれませんね。

パーカー引退後、ワイン・アドヴォケイトはレストランガイドで有名なミシュランに買収されました。創始者の精神は引き継がれ、いまも広告を入れず購読料だけで運営されています。[*3]

＊＊＊

ところで、パーカーポイント高得点というと高級ワインをイメージするかもしれませんが、手頃な価格で90点以上がついた銘柄もたくさんあります。たとえば、スペインの「クネ レセルバ（赤）」や、チリの「クロ・デ・フ ピノ・ノワール ラトゥーファ（赤）」はどのヴィンテージも高評価の常連です。3000円台で購入できることが多いので、PP高得点ワインを味わいたいときはぜひお試しを！

＊1 ロバート・パーカー自らが採点した場合のみパーカーポイントと呼ぶべきなのでしょうけど、基準はわりと曖昧。ワイン・アドヴォケイトはパーカー在籍時より、複数人のテイスターによるチーム制の採点を行なっており、同誌としての評価点「WA」を提示しています。一般にWAはパーカーポイントと同義として扱われることが多いですね。 ＊2 1982年物をプリムール・テイスティング（第34話）で高く評価した評論家にはミシェル・ベタンヌなどもいます。それでもパーカーだけが伝説的に語られるのは、セルフブランディングによる面もあるのでしょう。 ＊3 とはいうものの、パーカー引退以降、商業色の強いイベントが増えているようで……。いろいろと大人の事情があるのかもしれません。

第11話

アメリカンドリームをつかんだワイン

無名の醸造家ポール・ラトー、帝王のおしゃれ賛辞で世界へ羽ばたく

大河のように悠大な歴史を持つワインの世界。古き伝統を持つ業界の多くがそうであるように、そこで成功するには何年ものあいだ努力を積み重ねる必要がある……はずが、瞬く間にスターダムにのし上がったワインメーカーもいるんです。

アメリカンドリームを高速でつかんだ男、ポール・ラトーのおとぎ話みたいな出世譚をお届けします。

ソムリエをやめてワイン醸造家に転身

ポーランド生まれのラトーがワイン造りへの情熱ひとつでアメリカにやってきたのは2002年。彼を衝き動かしたのは1本のワインでした。カリフォルニアの鬼才、ジム・クレンデネンのワイナリー、オー・ボン・クリマのシャルドネです。そのワインに魅せられてからというもの、自らワインメーカーになる夢を諦められない日々。とうとう腹を決めたラトー、当時住んでいたカナダでの12年間のソムリエ生活に終止符を打ち、アメリカへ渡る道を選ぶことになります。

そして長く果てしないワインの道を歩み出したラトーの……怒涛の醸造家ルーキーイヤーがスタートしました！

カリフォルニアで薄給のワイナリースタッフからキャリアをスタートしたラトー。あこがれのワイナリー、オー・ボン・クリマや名門のキュペで経験を積み、ワイン漬けの日々を送るなか、移住したその年にはやくも念願のマイワインを造り上げます。

……いや待って？　ソムリエ時代にもワイン造りに備えていろいろ経験を積んでいたとはいえ、出来はともかく成果を出すまでが早くない？　しかも、その造り上げた6樽が運命を変えることになるなんて、話の流れが爆速すぎません⁉

帝王、ラトーのワインをおしゃれに褒める！

ある日のこと。6樽のワインを仕込んだばかりで、まだ自分のワイナリーの名前もラベルも持っていなかったラトーのもとを、ひとりの男が訪ねてきました。

「ワインを造るソムリエというのは君のこと？」

緊張するラトーがうなずきます。

「君のワインを試飲させてほしい。でも、もしダメな出来だったらそう言うよ」

男の名はロバート・パーカー。「ワインの帝王」と呼ばれる、世界最高のワイン評論家でした。パーカーいわく、「醸造が難しいピノ・ノワールやシラーといったぶどう品種を使ってワイン造りをはじめたラトーに興味を持った」のだとか。それにしても、なにこのベタすぎるドラマ展開……。

当時ラトーは、いくつものワインメーカーが集まる共有ワイン醸造施設、セントラルコースト・ワインサービス（CCWS）を利用していました。パーカーはさまざまなワインメーカーのワインを試飲するためにCCWSを訪れ、偶然ラトーのことを知ったようです。本来なら帝王に試飲してもらうだけでも大変なこと。思わぬチャンスに遭遇したラトーですが、場合によっては大御所のひとことで立ち直れなくなっちゃうかも……？　でも、パーカーはラトーがはじめて造ったワインを飲み、こう言ったんです。

「ワイナリーの名前を早く決めたほうがいい。私が君のワインを最初に紹介する人になりたいから」

……なんておしゃれな褒め方でしょうか！　どこかで真似したい！

ラトーはいまでもこのときのことを「涙が出るほどうれしかった」と語っています。ワイン造りの夢を追って徒手空拳でアメリカへ移住し、1年目でワインを造ったもののの、自分のワインが受け入れられるか不安だらけ。身ひとつでやってきたからスポンサーもいないし売り方もわからない。先行きかなり不透明……というところで偶然のチャンスをものにして帝王に評価される。そんなミラクルってあります⁉

パーカーはその言葉どおり、ワイン・アドヴォケイト誌でラトーのワインを高く評価します。パーカーの影響力は絶大です。無名の新人醸造家ポール・ラトーはワイン界のライジングスターとして、一躍世界にその名が知れ渡ることになったのでした。

カリフォルニアトップ級の醸造家に

けっしてビギナーズラックの話ではありません。パーカーの期待に応えるようにして、ラトーはその後も順調に醸造家としての名声を高めていきました。パーカーのお墨付きに便乗して大量生産に走ることはせず、少量生産を続けるラトーのワインは、いまや高値で取り引きされる超人気銘柄となっています。

ラトーは自社畑を持たず、栽培農家からぶどうを調達してワインを醸造しています。調達先のなかには、選ばれし醸造家しか入手できないとされる、最高のぶどう栽培家ゲイリー・ピゾーニが手掛けるぶどうも含まれているんです。*1 さらに、アメリカで最も予約がとれないと評判の三つ星レストラン「フレンチ・ランドリー」にラトーのワインがオンリストされたこともあるなど、名実ともにカリフォルニアのトップワインメーカーに。あのときのパーカーの評価は正しかったんです。

ラトーの幸運を詰め込んだワイン

ラトーのワインにはユニークな名前がつけられています。最も安価で手に入れやすいエントリーラインは「マチネ」。劇場用語で昼公演のこと。まさに〝ポール・ラトー劇場〟の入口にぴったりのワインです。名競走馬にあやかった「シービスケット」、円卓の騎士に由来する「ランスロット」など、ネーミングで選びたくなるようなワインもラインナップされています。

そんななか僕の〝推しラトー〟は「スエルテ」です。スペイン語で「幸運を祈る」の意。本人の才能はもちろん、パーカーに見出されるという幸運もあってアメリカンドリームをつかんだラトー。ソムリエからワインメーカーへ、その夢を叶えた行動力は尊敬に値します。ラトーのスエルテ、まさに新たな門出の応援にふさわしいワインです。「グッドラック！」の思いを込めて、夢追い人への贈り物にぜひ。

＊1「ピゾーニ」はカリフォルニアを代表するぶどう栽培家ゲイリー・ピゾーニの名前であり、また同氏が手掛けるぶどう畑の名前でもあります。ポール・ラトーは銘醸畑ピゾーニから供給を受ける数少ないワインメーカーのひとりです。

第12話

バローロ・ボーイズの変

栄光から凋落した「ワインの王」を帰還させたイタリアの若手生産者たち

2006年冬季オリンピックの開催地トリノを州都とするピエモンテ州。アルプス山脈の麓に広がるこの地を代表する——というより、イタリア全土を代表する赤ワインが「バローロ」です。

ワイン愛好家が「イタリア3大赤ワイン」を挙げるなら、まずバローロは外せないでしょう。日常酒ではなく、記念日などに飲むレベルの高級ワインです。日本でも非常に人気があり、さまざまな生産者が手掛けるバローロが販売されています。

実はこのワインを生む銘醸地が、革新と伝統の陣営に分かれて揺れた時期がありました。イタリアワイン界を揺るがした「バローロ・ボーイズの変」とはいったい?

「ワインの王」の栄光と凋落

バローロはピエモンテ州ランゲ地方で造られている赤ワインです。19世紀半ばごろに甘口から辛口にスタイルを変え、イタリア王室の寵愛を受けるほど高い評価を得ていました。バローロが「ワインの王にして、王のワイン」と称されるゆえんです。

まったく中二心をくすぐる異名をつけるもんですね！

ところが、1970年ごろになるとバローロの人気は衰えはじめます。かつて王室御用達として盤石の地位を築いたはずなのにどうして⁉　理由は世界の赤ワイントレンドが変化したことでした。当時好まれたのは、渋味なめらかで果実味豊かな飲みやすいワイン。バローロで使われるぶどうは100％「ネッビオーロ」。非常に渋味が強い品種です。困ったことに、これが流行りに合わないワインとして安く買い叩かれるようになってしまったんです。

飲みごろになるまで長期熟成を要するというネッビオーロの特性も生産者を苦しめました。バローロの生産者は大半が小規模農家ですからね。出荷までバローロを抱え続ける経済的な余裕がなくなっていたんです。そのため収穫したぶどうをワイン商に売却し、ほそぼそと生計を立てる状況が続いていました。これでは産業として盛り上がるわけもなく、1970年代前半のバローロはすっかり「忘れ去られた『ワインの王』」に……。まさに盛者必衰の理。

ブルゴーニュとの格差にショック

そんな衰退の一途をたどるバローロを救うきっかけを作ったひとりがエリオ・ア

ルターレでした。

1976年、当時26歳でバローロの若手生産者だったエリオは、「ワインの王」復活の糸口を探ろうと、フランスの銘醸地ブルゴーニュを訪れました。そこでたいへんな衝撃を受けたんです。

畑の区画ごとに最適化されたぶどう栽培、厳しい収量制限、清潔なオークの小樽（バリック）を使った熟成、小規模生産者であっても自分たちで瓶詰めまで行なう姿勢。何もかもがバローロ流とは違っていました。

暮らしぶりの違いにもショックを受けました。とあるワイナリーで試飲をお願いすると、当主は「これからバカンスに出かけるから時間がないんだ」と去っていく。そのワイナリーにはポルシェが停められていて……！　ブルゴーニュで目にする耳にするワイン生産者たちの羽振りのよさには面食らうばかり。こういうのって、血気盛んな若者には堪えるんですよねぇ。

ブルゴーニュの生産者はバローロと同じくらい規模が小さい。なのにブルゴーニュワインはバローロの10倍もの値がつく。自分たちは質素に暮らすしかないのに、ブルゴーニュの同業者たちは高級車にバカンス……だと？　この格差はいったいどういうことなんだ？

ブルゴーニュショックで目が覚めたエリオ。帰国するやいなや改革に乗り出しました。這い上がるほかなし！

バローロ・ボーイズの改革

エリオがブルゴーニュからランゲに持ち帰ったのは、ぶどう栽培と醸造に関する革新的な方法。さらには、エリオと同じようにブルゴーニュを訪れ、最先端の技術を学んで帰国した若き生産者たちからも、さまざまな手法がもたらされました。

ぶどうの実を熟す前の緑色の段階で間引き、残った実の凝縮度を上げるグリーンハーベスト、化学肥料を使わない有機栽培、短期間で発酵を終わらせ渋味をやわらげるローターリーファーメンター（回転式発酵槽）、バリックの使用で渋味をなめらかにし、新樽由来の甘いバニラのような香りをつける――。ランゲの若手生産者たちは、こうした伝統にとらわれないアプローチにバローロの未来を見ていたんです。

バローロに新しい風を吹かせた彼らは、後に「バローロ・ボーイズ」と呼ばれることになります。

とはいえ、改革には拒絶反応がつきもの。特にバローロ・ボーイズの親世代や祖父母世代は〝新しいやり方〟に強烈な拒否感を示しました。

たとえば、グリーンハーベストに対する考え方の違い。ピエモンテの人々にとって、神からの贈り物であるぶどうを収穫前に間引くなんて冒涜的な行為だったんですね。父と反目したエリオが、バリック導入のために先祖代々継承してきた大樽をチェーンソーで破壊したなんてこともあったそうです。互いに譲れない信念があるとはいえ、ふたりは和解できずじまいでした。ちょっと悲しい話ですね……。

モダン・バローロの誕生

でも努力は実りました。1980年代に入り、バローロ・ボーイズは従来とはがらりと変わった味わいのバローロを完成させたんです。強かった渋味は抑えられ、果実味たっぷりで甘いバニラが香り、長く熟成させなくても飲みやすいワイン……これは絶対に売れる！

従来のクラシックなスタイルのバローロに対して、バローロ・ボーイズが造ったバローロは「モダン・バローロ」と呼ばれ、注目されます。そしてパーカーポイント第10話の高得点も追い風となり、アメリカ市場で大ブレイクしたんです。ほら、売れた！

バローロ・ボーイズはもてはやされ、メディアで引っ張りだこに。モダン・バローロのヒットにより、バローロはかつての栄光を取り戻したかのようでした。でもな

ぜかバローロ・ボーイズを批判する声が上がりはじめたんです。人気商品を生み出した俺たちになんの文句があるの⁉

モダン対クラシック論争の果てに

「モダン・バローロは樽の香りが強すぎてネッビオーロの個性が出ていない」「果実味が強くて飲みやすいけど、長期熟成には向いていない（そんなことはないですけど）」「伝統を守らず市場に迎合するなら、もはやバローロではない」――いわゆるクラシック派とモダン派の論争が起こったんです。ありがちというか……。この論争は生産者だけでなく、メディアや評論家、愛好家も巻き込んで過熱していきました。

でもこれ、正解のない論争ですよね。生産者は信念に従ってバローロを造るだけ。クラシック派にもモダン派にも、それぞれ品質に対するこだわりがあります。そのうち、「伝統的な手法を取り入れたバローロ・ボーイズ」や「モダンな手法も使ったクラシック派」まであらわれはじめ、もはや単純な二元論では語りきれない状況に……。こうなると論点はだんだんと曖昧になってきて、おいしければOK？みたいなところに着地していきますよね。

やがて論争の炎が消えるころ、クラシックからモダン、その中間と、グラデーションのように多様化したバローロ文化が醸成されていました。生産者それぞれによって、高みを目指して磨き上げられるようになったバローロ。いまではイタリアを代表する高級赤ワインとして、かつて「ワインの王にして、王のワイン」と称えられた栄光を取り戻しています。

もうバローロ・ボーイズの名を聞くことも少なくなりました。代がわりが進み、当時の改革メンバーのなかには亡くなった人もいます。ただ、彼らがランゲにもたらしたモダンな革新が色褪せることはありません。[*1]

＊＊＊

伝統という名のぬるま湯に浸かっている自分に焦りを感じたり、過去の栄光を取り戻そうと挑戦をはじめたりするとき、バローロを味わってみてください。バローロ・ボーイズがワインに込めた想いにきっと勇気づけられるはずです。

＊1 バローロ・ボーイズの功績を描いたドキュメンタリー映画「バローロ・ボーイズ、革命の物語」（2014年公開）はめっちゃおすすめです。当事者たちが登場し、当時の熱い日々を語っています。バローロを存分に味わうなら、まずは映画で心に火を点けてから！

第13話

トム・クルーズが飛んできたワイン

ハリウッドセレブも虜にした、南西地方のペトリュス「シャトー・モンテュス」

ハリウッドスターはワインが大好き。トム・クルーズが「シャトー・モンテュス（赤）」に夢中になった話は有名です。ワイナリーのあるフランスまで自家用ジェット機で買い付けに来たという話があるほど。この世のあらゆる美食を堪能してきた（想像）トムをそこまで魅了するワイン。超高級ワイン「ペトリュス」にもたとえられるワイン。気になりますよね。

でも、ワイン愛好家としては生産者であるアラン・ブリュモンに注目してほしいんです。〝トム・クルーズ御用達〟という枕詞とともに語られがちなシャトー・モンテュスですけど、それはアランの努力あってのもの。フランスのワイン産地、南西地方復興の立役者として外せない重要人物なんです。

南西地方ワインの不遇

シャトー・モンテュスが造られるマディランは、銘醸地ボルドーから車で南に2時間ほどの距離にあるワイン産地。ワイン地図だと「南西地方」に属する土地です。

フランス南西部に位置するから南西地方……ってそのまんますぎる！　ボルドーだって方角的には南西にあるんですけどね。とにかく、ボルドーよりもさらに南にあるこの地域がアバウトに南西地方と総称されるんです。

南西地方はワイン産地として長らく課題を抱えていました。他の有名産地のようにブランドを築くことができなかったんです。その理由のひとつは〝ボルドー優先〟という歴史的な事情にありました。

13世紀中ごろの話です。南西地方のワインをイギリスなどの大きな市場に出荷するにはボルドー港を使う必要があったのですが、当時この地を統治していたアキテーヌ公ヘンリー3世が、[*1]港の利用はボルドーワインを優先するという規制を敷いたんです。おかげで積出しを制限された南西地方のワイン生産者はなにかとビジネスチャンスを逃してしまう羽目に。不公平な話ですよね。このようなボルドーワインを優先する措置はさまざまな面で見られ、完全に撤廃される18世紀まで、なんと約500年も〝ボルドー優先〟の状況が続いたんです。

これでは知名度が高く、特権を与えられたボルドーワインの陰に隠れてしまい、「南西地方ブランド」はなかなか確立できませんよね。

19世紀にはフィロキセラ（第41話）の虫害でぶどう畑が壊滅的な被害を受けました。その後、なんとか虫害からは立ち直ったものの、多くの農家が大量生産を優先するワイン造りにシフト。その結果、南西地方は安ワインの産地として認識されるようになってしまったんです。なんとも悪循環なことで……。

はじまりは荒廃した土地

なかなかうまくいかない南西地方のワインビジネス。その興隆の立役者となったのがアラン・ブリュモンでした。広大な南西地方のワイン産地のひとつ、マディランの醸造家です。

アランはもともと父親からシャトー・ブースカッセを継いでがんばっていたのですが、1980年にシャトー・モンテュスを購入し、こちらにも大きな情熱を注いでいきます。かつてはナポレオンにも献上していたという伝統あるワイナリーです。でもいまは荒廃し、誰も見向きもしない存在となっていました。なぜそんな場所を手に入れたのでしょうか?

実はアラン、シャトー・モンテュスの粘土質と石灰質の土に小石が混ざった畑からポテンシャルを感じ取っていたんです。これは偉大なワインを生み出す土壌かもしれない! そしてアランは数年の間、試行錯誤を繰り返し、気候風土の理解を深め、ある1本のワインを生み出すことになります。

「ペトリュス」にたとえられるワイン

1985年、シャトー・モンテュスが誕生しました。革新的なワインでした。どのへんが？ それはぶどう品種「タナ」をメインに使ったこと。3000年前からマディランで栽培されていたという土着品種でした。研究熱心なアランは、タナ本来の魅力を引き出す栽培環境を作り出すことに成功していたんです。

そうして手塩にかけて育てたタナを使ったシャトー・モンテュスは、評論家から非常に高い評価を得て、華々しいデビューを飾りました。さらには年々品質が改善されていくと、あのボルドーの最高級ワインになぞらえて「南西地方のペトリュス」と称されるほどの銘酒に。加えて、〝トム・クルーズが飛んで買いに来るほどハマっているワイン〟という称号まで獲得したら、それはもう鬼に金棒でしょう。シャトー・モンテュスはいま、世界中の愛好家を虜にする大人気ワインとなっているんです。

かつて不遇をかこっていた安ワインの産地マディランの名は、アランの名声とともに世界に広まっていきました。南西地方のワインを、土着ぶどう品種のタナとともに復興させた立役者として多くの栄誉を手にしたアラン・ブリュモン。1991年、ゴ・エ・ミヨ誌の「80年代を代表するワインメーカー」に選出されただけでなく、その後もフランス最高勲章「レジオン・ドヌール」が授与され、ベタンヌ・エ・ドゥソーヴ誌からは南西地方で唯一となる5つ星生産者にも選ばれました。

アランはいまなお、フランス最高の作り手のひとりとして尊敬を集める存在です。

＊＊＊

力強く濃厚で長期熟成に適したシャトー・モンテュス。その味わいの源は、長らくブランド構築に苦労してきたマディランを世界の檜舞台に押し上げたアランの情熱の賜物。僕なら、このシャトー・モンテュスを〝インポッシブルなミッション〟に臨む人に贈りたい[＊2]ですね！

＊1 ボルドーは12世紀から15世紀の間、フランス領ではなくイギリス領でした。イギリスではボルドーワインが人気でしたが、それはボルドーがワイン大好き国家イギリスのワイン供給地となっていたからですね。

＊2 ドメーヌ・アラン・ブリュモンが造る「シャトー・モンテュス（赤）」。世界的に評価される高品質ワインですが、法外に高いというわけでもありません。4000円ほどで購入できるヴィンテージが多いので、たまのご褒美やギフトを選びたいときにおすすめですよ。

第14話

ブルゴーニュの「天地人」

ルー・デュモン——ワインの本場で夢を叶え続ける日本人醸造家

フランスの伝統産業であり基軸産業でもあるワイン造り。ブルゴーニュはそのもっとも伝統的な産地のひとつです。近年は巨大資本の参入もありますが、いまだワイン生産者の多くが家族経営の小さなワイナリーや農家。ぶどう畑は世襲か地域コミュニティを優先して継承されていく土地です。ある意味では閉鎖的ともいえるブルゴーニュ、そうした土地で活躍する日本人醸造家がいることをご存知でしょうか。

メゾン・ルー・デュモンの醸造家、仲田晃司さんです。拠点はブルゴーニュでも名だたる銘酒を生み出す中心地、コート・ド・ニュイ地区のジュヴレ・シャンベルタン村。第18話現在ブルゴーニュでは日本人の造り手が増えつつありますが、仲田さんはその先駆者であり、当地で最も成功している日本の醸造家といえるでしょう。

単身渡仏でワイナリー立ち上げ

仲田さんは行動力の人です。学生時代にアルバイト先のフレンチレストランでワインに興味を抱き、1995年、大学卒業後に23歳で単身渡仏。もちろんコネなし。

フランス語を学びながら各地のワイナリーを巡っては収穫や仕込みなどの経験を積むうちにワイン造りに惹かれ、ブルゴーニュ・ボーヌの農業促進・職業訓練センターでワイン造りを学ぶことになります。そして学位を取得後、念願のワイナリー設立へ――この夢を実現していく推進力！

仲田さんは2000年7月7日、念願だった自身のワイナリーを立ち上げました。名前は「メゾン・ルー・デュモン」。「デュ・モン（山）」は、仲田さんの故郷、岡山県にある山城、備中高山城をイメージしており、奥さまのジェファさんの故郷も思わせる言葉。そこに夫妻とゆかりのある女の子の名前「ルー」を加えたものです。

仲田さんはその後、2003年に現在の拠点であるジュヴレ・シャンベルタン村に醸造所を設立。いまやルー・デュモンは、ブルゴーニュの実力派ワイナリーとして一目置かれる存在に――こう説明すると、万事が順調に見える仲田さんの醸造家ライフですが、もちろん悩める時期を乗り越えてここまでやってきたんです。

「ブルゴーニュの神様」のひとこと

ルー・デュモンはネゴシアンとしてスタートしました。自社でぶどう畑は持たず、農家からぶどうを買い付けて醸造する事業スタイルです。目利きの仲田さん。当然、自信はあったでしょう。でも、当初ルー・デュモンのワインは売れませんでした。ワイナリー設立の借入金の返済もあるし、ワインを造るのにもお金が必要だし、困ったな……。

そんな苦境に陥っていた仲田さんのターニングポイントとなったのは、〝神様からの啓示〟でした……というと、だいぶスピリチュアルで誤解を招きそうな表現かもしれませんね。でもワイン愛好家的には啓示としか思えないんです。迷える仲田さんに助言をくれたアンリ・ジャイエ*1は、「ブルゴーニュの神様」と称えられる伝説的な醸造家だったんですから。

実は仲田さん、在りし日のジャイエの自宅を訪ね、売れ行き不振についてアドバイスを求めたことがあったそうです。そのときジャイエから返ってきた言葉は、仲田さんの内心を見透かすようなものでした。「流行にとらわれず、自分がおいしいと思ったワインを造るといい」

2000年代はじめのワイントレンドは濃くて甘い風味。ブルゴーニュの造り手たちもインパクトを出そうと、土地が持つ繊細な風味から離れていきました。仲田さんはそんな風潮に疑問を抱きながらも、流行に合わせていたそうです。

ジャイエに指摘されたことを契機に、いま一度、自身のアイデンティティを問い直した仲田さん。自分の想いに正直にワインを造りはじめます。

「天地人」のもとに造られるワイン

仲田さんが目指したものは、人工的なインパクトに頼らず、自然でエレガンスにあふれたワイン。大切にしたいものは「天候」と「土壌」、そして「人」。ワインの味を左右するのは天地だけじゃない。人の情熱もまたワインのなかに味わいとして表現されるはず。ブルゴーニュの自然環境に、日本人としてのアイデンティティを込める――それをあらわす言葉こそが「天地人」でした。ルー・デュモンのオレンジラベルに漢字で刻まれている言葉です。

日本的な職人気質ともいわれる緻密な生産工程、そこから生み出されるルー・デュモンのワインはいまや人気者です。醸造所設立パーティーでジャイエから称賛を浴びた話も広まり、〝神様のお墨付きワイン〟としても語られています。

とはいえ、ジャイエ云々はきっかけにすぎません。今日のルー・デュモンの成功は仲田さんの情熱と力量の賜物（たまもの）。ブルゴーニュに移住して30年。近年では念願だった自社畑を手に入れ、ネゴシアン業だけでなく、ぶどう栽培からワインの醸造までを手掛ける、いわゆるドメーヌ物をリリースするまでになっています。

地縁を持たない日本人がブルゴーニュの畑を所有する——一筋縄ではいかない話です。この地に根を下ろし、「天地人」のもとに努力を続けてきた仲田さんだからこそ実現できた夢といえるでしょう。

ルー・デュモンには「天地人」のオレンジラベルともうひとつ、白ラベルもあります。自社畑のぶどうで造ったワインに貼られるものです。そこには夫婦ふたりの名を示す「Par Koji et Jae Hwa（晃司とジェファより）」という言葉が刻まれています。

ルー・デュモンの「天地人」のオレンジラベルは、買い付けたぶどうで造ったワインに貼られています

人のつながりが未来のワインをつなぐ

人とのつながりを大切にする仲田さんらしい仕事がありました。シャンパーニュの老舗メゾン、シモン・ドゥヴォーのアラン・シモンと共同でシャンパン「ルー・ベアティトゥディネム」をリリースしたんです。実はふたりは修行時代からの仲。渡仏直後、仲田さんは研修先でシモン・ドゥヴォーの現当主アランと知り合うとすっかり意気

投合。それ以来、長年にわたり友情を育んできました。若かりしころに苦労をともにし、後年、それぞれ成功したふたりが力を合わせてシャンパンを造る――こんなに幸福を感じる仕事ってあるのでしょうか？

現在のルー・デュモンはシャンパーニュ地方にも自社畑を所有しています。つまり、仲田さんが栽培も醸造も手掛けるシャンパンを飲める日がいつかやってくるということです。夢を実現させる力には敬服するばかり。これからも〝推しワイナリー〟としてルー・デュモンの挑戦を応援していきたいですね！

＊＊＊

実はルー・デュモン、スタジオジブリとのコラボワインをリリースしています。ジブリファンだという仲田さんにとっても、感慨深い仕事だったのではないでしょうか。毛筆による「紅の豚」や「cuvée kurosuke」などの題字は、ジブリのプロデューサーで書家でもある鈴木敏夫さんの直筆であり、さらに落款（らっかん）デザインを手掛けたのは宮崎駿監督。ジブリファンならぜひ押さえておきたいワインです！

＊1 アンリ・ジャイエ（1922-2006）は革新的なぶどう栽培や醸造法を生み出し、「ブルゴーニュの神様」とも称される偉大な醸造家です。ジャイエ亡きあと、神様が手掛けたワインはさらにプレミア化して1本数百万円が当たり前になっています。

ボンドと殺し屋の会話から学ぶ 正体がバレないワインの選び方

世界一かっこいいスパイといえば英国諜報部員コードネーム「007」ことジェームズ・ボンド。彼が主役の映画に欠かせないアイテムがワインです。シリーズ屈指の名作「ロシアより愛を込めて」（1963年）は、“小道具としてのワイン”が大事な役割を果たす映画の入門的作品ともいえます。

イギリス人将校に扮した殺し屋グラントとボンドがオリエント急行の食堂車で会食をするシーン。ボンドもグラントもヒラメ料理を注文するのですが、シャンパンをあわせたボンドに対して、グラントはイタリアの大衆的赤ワインである「キャンティ」を注文しました。あとからグラントの正体が判明したとき、ボンドは「魚に赤ワインか……うかつだった」と反省することになるんです。

ボンドが何を言いたかったのかというと、「魚料理には白ワインをあわせるのが教科書的常識。赤ワインを選ぶなんておかしなことをするのはワインを知らないロシア人。その時点で正体に気付くべきだった」ということでしょう。……いや、そんなことでニセイギリス人認定!?　たしかにあの舌平目のムニエルを見る限り白があいそうなんで僕もボンド派ですけど、ワインくらい人目を気にせず選ぶ自由は欲しいですよね！

第2章
ワインが
尊くなってくる物語。
WINE IS
MADE FROM
GRAPES AND STORIES.
1980

第15話

ロマネ・コンティの受難

神に愛された村ヴォーヌ・ロマネが生む超高級ワインは事件だらけ？

飲まれるよりも語られることが多いワイン――「ロマネ・コンティ」のことです。ワインと縁がなくても一度は耳にしたことがある名前ではないでしょうか？

神の祝福を受けた村が生み落とす、世界最高峰の赤ワイン。1本数百万円が当たり前。1945年ヴィンテージが6千万円を超える値で落札されたことも。もはや投機的な存在ともいえ、庶民には文字どおり高嶺の花となっています。でも、ワイン愛好家は語りたいんです。たとえ飲んだことがなくても……！　だからロマネ・コンティの話、させてください！

神に愛された村のワイン

ワイン愛好家あこがれの地、フランス・ブルゴーニュのコート・ドール（黄金の丘陵）。地区や村ごとに世界有数の銘醸畑を抱えるワインの聖地です。そこに「神に愛された村」と称賛される銘醸地があります。コート・ド・ニュイ地区のヴォーヌ・ロマネ村。ロマネ・コンティの産地です。ここは石灰質や粘土質などが複雑に絡み合った土壌で、斜面や日当たりが良好。ワインの味わいを決める土壌や気候などのファクターを総称して「テロワール」と呼びますが、ヴォーヌ・ロマネはぶどう栽培にとって完璧なテロワールを持った土地なんです。ロマネ・コンティは、そんな場所にある特級畑*1「ロマネ・コンティ」から生み出されています。

不思議なのは、ヴォーヌ・ロマネにはほかにも特級畑がたくさんあるのに、ロマネ・コンティだけがぶっちぎりの高値で取引されるということ。同じ特級格の畑たちとなにが違うのでしょうか？

そして「幻のワイン」へ

ロマネ・コンティの前身となった畑は「ル・クルー・ド・サン・ヴィヴァン」。13世紀にはヴォーヌ・ロマネでも特に優れた畑として評価されてい

「ロマネ・コンティ」の畑を象徴する、背の高い石造りの十字架。ワイン愛好家なら誰もが知る、超人気フォトスポットとなっています

ました。この畑の一部が切り離され、「ラ・ロマネ」と名を変えて所有者を転々。そして1760年、現在のロマネ・コンティ伝説につながる人物のもとへと収まります。コンティ公。ルイ15世を軍事面で支えた貴族です。

コンティ公はラ・ロマネを美食の宴で振る舞うために独占しました。そのせいか、世間ではラ・ロマネは入手困難となり、極レアワインと化していったんです。

こんな逸話が残っています。ラ・ロマネの所有権を巡って、コンティ公とルイ15世の愛人だったポンパドゥール夫人が争いになり、敗れた夫人はブルゴーニュワインを宮廷から締め出した――ラ・ロマネは王侯貴族が奪い合うほど垂涎の的でした。

そもそもコンティ公がラ・ロマネを欲したのは、芸術に明るかったコンティ公がワインにも最高の芸術性を求めたからだという話も。このレベルになると、飲み物も芸術性を帯びるんですね。

その後、畑は「ロマネ・コンティ」と呼ばれるようになるのですが、実はその呼称が定着したころにはもうコンティ公の持ち物ではありませんでした。ラ・ロマネは18世紀末のフランス革命を経て政府が没収。再び所有者が転々としていくうちに、呼び名だけがロマネ・コンティに落ち着いていったんです。コンティ公が秘蔵っ子状態にしていたことで、「コンティ」の名はかなりブランド化していたのかも？

もはやワインというか投機アイテム？

21世紀のいま、ロマネ・コンティはドメーヌ・ド・ラ・ロマネ・コンティ（DRC）が所有しています。ド・ヴィレーヌ家とルロワ家が共同経営する会社です。DRC社は二度の世界大戦と経済不況に苦しみましたが、ネゴシアン（ワイン商）だったルロワ家の経営参加もあり、ブルゴーニュ受難の時期を乗り越えてきました。ルロワ家当主のアンリ（天才マダム・ルロワの父）第25話はボロボロだったロマネ・コンティに情熱を注ぎ込み、見事に畑を再建してみせたんです。

いまロマネ・コンティは〝超高級ワインの代名詞〟として知られています。最高のテロワールが生む極上の赤ワイン。年産６０００本ほどという希少性に加え[*2]、歴史、伝説、逸話の数々をまとって市場価値は爆上がり。神話級のワイン、誰もが飲んでみたいですもんね？　でも困ったことに近年のロマネ・コンティは、ある意味、投機アイテムと化しているんです。成功者のステータスシンボルとして所有される向きもあって、ますます価格が高騰し、庶民にはもはや月よりもはるか遠い存在となっています。せめて肉眼ではっきり見えるところまで戻ってきてほしい！

この状況がロマネ・コンティにとって幸か不幸かはわかりません。価値が高まることは悪いことではありませんが、ロマネ・コンティを巡る欲望まみれの事件の数々には、生産者も苦い思いをしているのではないでしょうか。

犯罪者に狙われるロマネ・コンティ

高級ブランド品にはニセモノがつきものです。世界一有名なワインであるロマネ・コンティはまさに格好の的。特に「ドクター・コンティ」の異名をとったルディ・クルニアワンによる高級ワイン偽造事件(第9話)はド派手に世間を騒がせました。精巧に偽造したロマネ・コンティなどをオークションへ出品し続けて100億円以上を荒稼ぎ。クルニアワンの逮捕後も市場に流れたニセモノは到底回収しきれず、いまロマネ・コンティは絶えず真贋が問われるような状況になっているんです。

2021年にスペインの人気レストランで発生した高級ワイン強盗事件では、盗まれた45本のうち38本までもがロマネ・コンティでした。被害総額は2億円以上。ざっくり計算しても1本あたり450万円ほど……クルマ1台より高い！

ロマネ・コンティの畑が人質(物質?)にとられるという珍事件も起きています。2010年、DRC社に届いた脅迫状。「100万ユーロを支払わなければ、ロマネ・コンティの畑に毒を撒く」。犯人は脅しのため、なんとぶどうの樹にドリルで穴を開けて除草剤を注入したんです。……前言撤回。珍事件って呼んでいいレベルじゃなかったですね。全ワイン愛好家を敵にまわす凶悪事件ですよ。ロマネ・コンティだけの問題にとどまらず、ブルゴーニュの根幹である神聖なテロワールを失いかねない事件だったんです。犯人は身代金の受け渡し時に逮捕されました。

超高級ワインゆえの宿命。ロマネ・コンティの受難はこの先もずっと続きそうな気がします。

＊＊＊

ブルゴーニュには〝沼〟があります。愛好家がハマるワイン沼のなかではもっとも深く甘美な沼かもしれません。その最深部から成功者を魅了し、犯罪者を誘惑し、僕ら庶民をも手招きしてくるのが、ロマネ・コンティなのかも。庶民的には一生のうちに一度でも口にできたらラッキーなほど遠い存在ですけど……。それでも僕は今日も「いつかは1本まるっとロマネ・コンティを」と思いながら生きています。

＊1 フランス・ブルゴーニュのワインはぶどう畑に対する評価で格付けされており、最上級は「グラン・クリュ（特級畑）」。次いで上から「プルミエ・クリュ（1級畑）」「コミュナル（村名クラス）」「レジョナル（地方名クラス）」。同地方の全生産量の約1.5%がグラン・クリュ、約10%がプルミエ・クリュといわれています。 ＊2 ボルドー格付け1級のシャトー・ラフィット・ロートシルトは年産約20万本。ロマネ・コンティとは比較にならない量を生産しながらも高単価で売れる。そんな「5大シャトー」のブランド力も半端ないですよね。

第16話

ドンペリ、父に捧げる1%

高級シャンパン「ドン・ペリニヨン」がグラン・クリュ100%じゃない理由

世界でも最も有名なシャンパン「ドン・ペリニヨン」。「ドンペリ」の通称でよく知られていますよね。「モエ・エ・シャンドン」(第37話)と並んで圧倒的な知名度を誇ります。ドンペリという名前の親しみやすい響き、かっこよくて映える盾のエンブレム。日本でウケる要素たっぷりの高級シャンパンです。

ワイン沼の外にいたころはドンペリにはまったく興味がなく、なんなら一生縁がなさそうな生活を送っていた僕ですが、いまとなっては〝ドンペリ推し〟。そう思うようになったのには理由があります。ドンペリの背景にある、めちゃくちゃ粋で尊い物語を知ったからなんです。

シャンパンの偉大なる父

ドン・ペリニヨンという名称は人名に由来しています。ベネディクト会修道士、ドン・ピエール・ペリニヨン。17世紀後半のフランス・シャンパーニュ地方、オーヴィレール修道院でワイン造りを担い*1、現在のシャンパン製造の礎を築いた人物です。ペリニヨン神父については、ドンペリの製造会社モエ・エ・シャンドンの巧みなマーケティングもあり、さまざまな伝説が語られていますが、「シャンパンの父」と称えられるのにふさわしい功績を残した人物であることは間違いありません。

ペリニヨン神父はぶどう栽培や醸造に関して多くの改善策を考案し、職人の経験頼りだった世界に現代的な手法や技術を持ち込んだといわれています。特にその功績を語るうえで欠かせないのが、アッサンブラージュを用いたシャンパン造りでしょう。シャンパンの品質を安定化させるため、収穫年や栽培地、品種の異なるぶどうをブレンドする技術です。

ワイン造りには十分に熟したぶどうが必要となります。でも、シャンパーニュ地方の冷涼な気候では、ぶどうの出来が良くない年も珍しくありません。毎年同じクオリティのシャンパンが造れる保証はなかったんです。そこで神父がひらめいたのが、いくつかのぶどう畑からのワインや品種をブレンドすることでした。この革新

ドン・ピエール・ペリニヨンは盲目ゆえに味覚嗅覚が鋭かったというエピソードも伝わっていますが、真偽は不明（たぶん違うらしい）。ペリニヨン神父は神話的に語られがちな偉人なんです

的なブレンド手法が確立されたおかげで、質の安定したシャンパンの供給が可能になったんです。いまではシャンパン造りにおける当たり前の工程となっています。

ガス圧で爆発事故を繰り返していたシャンパンの瓶をイギリス製の頑丈なタイプに改良したり、シャンパンボトルの栓に効果的な素材としてコルクを用いたりしたのも、ペリニヨン神父の功績というのが通説。完成したシャンパンに感動して「私はいま星を飲んでいる！」と叫んだ、なんてロマンチックな話も伝わっていますね。

ドンペリ、20世紀になって登場

と、ここまではペリニヨン神父のお話。彼の名を冠した高級シャンパン、ドン・ペリニヨンが世に出たのはわりと最近のこと。ペリニヨン神父が世を去って200年以上も経ってからなんです。神父の死後、オーヴィレール修道院と畑はモエ社に買い取られていたのですが、ようやくドン・ペリニヨンの名が華々しく表舞台に出るときがやってきました。

モエ社はドン・ペリニヨンの商標を取得後、1921年ヴィンテージを完成させて1936年に販売を開始します。ドンペリはモエ社の最高級シャンパンであり、大不況から世界が立ち直りつつあるなか、激化する高級シャンパン市場における切り札でした。その品質の高さは大きな反響を呼び、宣伝戦略も奏功して世界的な人気を獲得。ドンペリは上流階級の華やかな場に欠かせない存在となっていったんです。

映画「007 ドクター・ノオ」(1962年)では、悪役ドクター・ノオとボンドの間でドンペリトークが交わされます。殴りかかろうとドンペリボトルを手にしたボンドを制止し、「それは55年物だ(もったいない!)」と語るドクター・ノオ。これに「53年物のほうが上さ(だから問題ない)」と返すボンド。観客はこの小粋なやりとりで、ドンペリとヴィンテージの関係について刷り込まれたはず。だって映画を観終わった後、絶対にヴィンテージについて語りたくなっちゃいますからね!

ドンペリのヴィンテージには強い意味があります。1921年物を1936年に発売すると聞くと、ずいぶん間が空いている気がしませんか? というのも、ドンペリは熟成に最低でも8年、上級ラインになると15年か25年もの期間を要するうえ、ぶどうの出来が悪い年は世に出さないというポリシーがあるんです。*2 毎年ドンペリが造られるわけじゃないんですね。

正式にはグラン・クリュじゃない理由

ドンペリは誰もが認めるクオリティを持った高級シャンパンです。でも、プレミアムなシャンパンのラベルによく見る「グラン・クリュ」の記載はありません。高品質を保証する印ともいえるアレが？　最も権威のあるシャンパンなのに、ない？　そこには深い理由があるんです。

ワインにとって格付けは品質を保証する大事な要素です。シャンパンの産地であるシャンパーニュ地方の場合、もっとも優れたぶどうが生まれる村を「グラン・クリュ」として最上級に位置付けています。グラン・クリュのぶどう１００％で造ったシャンパンは、ラベルにグラン・クリュと記載することが許され、高値で販売されます。ドンペリにグラン・クリュの記載がないということは、グラン・クリュ以外のぶどうを使っているということですよね。実のところ、ドンペリが使うぶどうの99％までもがグラン・クリュ。そして残りの１％に、ひとつ格下の「プルミエ・クリュ」のぶどうを使っているんです。……あと１％でしょ？　そこはがんばろうよ！

もちろん、そんなことはモエ社もわかっています。あえてそうしているんです。ドン・ペリニヨンがプルミエ・クリュのぶどうを使う理由。それはオーヴィレール修道院にあります。ペリニヨン神父が生涯をシャンパンの完成に捧げ、今日のシャンパーニュ隆盛の礎を築いた場所です。

実はドン・ペリニヨンの残りの１％は、このオーヴィレール修道院の畑のぶどうなんです。オーヴィレール村の格付けはプルミエ・クリュ。ドン・ペリニヨンは〝あえてグラン・クリュを名乗れない道〟を選んでいたんですね。

「シャンパンの父」と称えられるドン・ピエール・ペリニヨンの名を冠したシャンパンに、オーヴィレール村のぶどうを混ぜる――それは、ドン・ペリニヨンのボトルに神父の魂を込めるということを意味しています。

偉大な先人への敬意の示し方……めっちゃ尊くないですか？

＊　＊　＊

ドンペリをただ高級なだけで、夜の街を彩るアイテムのようなシャンパンだと思っていたのだとしたらもったいない！　このボトルに込められているのは敬意の心。口にする機会があったら〝魂の1％〟を感じ取ってみてください。偉大な先達を想って乾杯するとき、僕ならドンペリをチョイスします。

＊1 当時のヨーロッパでは、ワインの多くが修道士によって造られていました。ワインはカトリックの典礼ミサに欠かせないものでしたし、ワインの売上は修道院の運営資金ともなっていたんです。　＊2 シャンパンは複数年のぶどうをアッサンブラージュして……という話をしましたが、高級シャンパン「ドン・ペリニヨン」は〝その年に収穫したぶどうだけ〟で造られるシングルヴィンテージです。作柄の悪い年は造られません。だからヴィンテージの抜けがあるんです。

第17話

救国のワイン

会議は踊る、されど進まず――特別な物語を持つ「シャトー・オー・ブリオン」

「シャトー・オー・ブリオン」。ボルドー格付けのワインです。名実ともに世界最高の赤ワインのひとつでしょう。オー・ブリオンはいわゆる「5大シャトー」の一角なのですが、他の1級シャトーとは違った〝特別な意味〟を持つ存在なんです。

第2話

シャトー・オー・ブリオンだけ出身が違う？

ボルドー格付けが作られた1855年当時、銘醸地フランス・ボルドーの心臓部はメドック地区でした。格付けシャトーのほぼすべてがメドック地区から選ばれたことは必然だったわけですが、たったひとつだけ、メドック地区の外から選ばれたシャトーがありました。グラーヴ地区のシャトー・オー・ブリオンです。

しかもオー・ブリオンのランクは最高位の1級。メドック地区でもないのにどうして？　ナポレオン3世から格付けの作成を命じられたボルドー商工会議所としては締め切りも迫っていたし、手っ取り早くメドック地区のシャトーに絞って選定することだってできたはず。でもそうはしませんでした。

理由は簡単です。ボルドー代表を選ぶなら、オー・ブリオンは絶対に外すことができない存在だったからです。品質の高さなんて当然のこと。それ以上に、他のシャトーにはない物語を持っていたことが、オー・ブリオンを特別な存在にしていたんです。

今日のボルドースタイルを築く

ボルドー格付け61シャトーのうち、最高位1級に君臨する5大シャトーはいずれも長い歴史と伝統を備えています。なかでも最も古い歴史を持つのがシャトー・オー・ブリオンです。

オー・ブリオン栄光の歴史は16世紀半ば、ジャン・ド・ポンタックが「オー・ブリオン」と呼ばれる土地にシャトーを建設したことからはじまりました。それからフランス革命が起きるまでの約200年の間、ポンタック家のもとでオー・ブリオンは現在につながる革新を成し遂げていくことになります。

オー・ブリオンが大きく躍進を遂げたのは17世紀、初代ポンタックのひ孫であるアルノー3世の時代です。ワイン造りに情熱を燃やす優れた当主のもと、現在のボルドーワインのお手本ともいえるスタイルを完成させ、オー・ブリオンの名声を飛躍的に高めることになったんです。

実は当時のボルドーワインは色が薄く、味わいは軽め。いまの長期熟成させるスタイルとは真逆の飲み物でした。それを変えたのがアルノー3世です。今日のワイン造りでも採用されている多くの技術を導入し、色が濃く、長期の熟成が可能なワイン——現在のボルドーワインの原型といえるものを造り出しました。

アルノー3世の新ワインは、その斬新なスタイルから「ニュー・フレンチ・クラレット」と呼ばれ、イギリス市場で大ヒットを飛ばすことになります。

シャトー・オー・ブリオン、世界のVIPに愛される

ライトボディのロゼみたいな赤ワインが当たり前だった17世紀のボルドーワイン。そこにいきなり登場した、濃厚フルボディなニュー・フレンチ・クラレット。そりゃあ、強烈なインパクトだったでしょうね。当時ボルドーワインの最大顧客だったイギリスでウケて、売れに売れたんです。「クラレット」と呼ばれた旧来のボルドーワインと比べて、3倍の価格で取引されるほどの人気だったとか。

アルノー3世のワインは、畑の名前だった「オー・ブリオン」と名付けて販売され、[*1]多くの著名人たちを魅了しました。その虜になった人のなかには国王チャールズ2世や哲学者ジョン・ロックなども。国会議員だったサミュエル・ピープスは、世界の

奇書ともいわれる自身の日記に「ホーブライアン（オー・ブリオンのこと）と呼ばれるワインを飲んだ。いまだかつて出会ったことのない、おいしいワインだ！」と、オー・ブリオン評を残しています（わざわざ暗号で書かれていたため解読に100年かかったそうですが……）。

さらにこのオー・ブリオン人気に拍車をかけたのが、アルノー3世の息子フランソワでした。商売上手だったフランソワは1666年、ロンドンにレストラン「ポンタックスヘッド」を出店。美食とともにオー・ブリオンを提供しはじめると、これが貴族や芸術家、作家などの上流階級で大流行したんです。評判が評判を呼んで店は繁盛し、オー・ブリオンは「ポンタック」という名でも親しまれるように。ブランド化にも成功したオー・ブリオンは以降、その名声をヨーロッパ全土に広めていきました。

そして19世紀初頭、ついに〝シャトー・オー・ブリオンを特別たらしめた〟伝説的なエピソードが生まれたんです。

シャトー・オー・ブリオンがおいしすぎてフランス助かる？

伝説の舞台となったのはウィーン会議。ナポレオン戦争後のヨーロッパの秩序を

話し合う国際会議です。1814〜1815年に開催されました。

敗戦国はフランスです。当然のことながら、会議では不利な立場でした。処遇によっては領土を失うおそれだって十分にありますよね。そこで一計を案じたのが、フランスの外相タレーランです。

策士タレーランは連日、各国の代表者を華やかな舞踏会に招き、美酒と美食でもてなします。このときタレーランが振る舞った美酒がシャトー・オー・ブリオンでした。偉いさんが集まる場ですし、名実ともに申し分のないチョイスですよね？

でも、これが驚くほど（変な方向に）効いたんです。オー・ブリオンのあまりのおいしさに、各国の要人たちは酔いに酔いつぶれる日々。宴ばかりが盛り上がって会議はなかなか進展せず、いたずらに過ぎていく日々……って、なにそのベタな時間稼ぎ!?

オー・ブリオン接待作戦で会議が停滞しているうちに、なんと島流しになっていたナポレオンがエルバ島を脱出したというニュースが飛び込んできました。これに慌てた各国は合意を急がざるを得なくなり、結果、フランスは領土のほとんどを失わずに済んだのでした。まさに「会議は踊る、されど進まず」と、のちに揶揄されるグダグダっぷり……。

フランスの領土を、その美味で守ったシャトー・オー・ブリオン。この瞬間、フランス人にとっては「救国のワイン」ともいえる特別な存在となったんです。

……もちろん、現実的に考えれば外相タレーランの外交力のおかげですよね。〝美酒で酔わせる作戦〟なんてまさに逸話の類でしょう。でも、そんな伝説的なエピソードが語られるほどにシャトー・オー・ブリオンがおいしく、フランス人にとって特別なワインであることは事実なんです。

伝説のワインを選ばずしてどこを……

メドック地区を中心に選定したボルドー格付けで、なぜグラーヴ地区からただひとつ、シャトー・オー・ブリオンが選ばれた

シャトー・オー・ブリオンはボトルの形状も他のボルドーワインとは違うんです。いかり肩のボルドー型ではなく、下方に向かってやや細くなる独自の形をしています

のか。なぜ最高位の1級だったのか。答えはもう明らかですよね。

1855年の格付け制定当時、すでに300年以上の歴史を持ち、未来につながるボルドーワインのスタイルを造り上げて世界のVIPたちを魅了し、そのうえ救国伝説すら囁かれるワインです。シャトー・オー・ブリオンを1級に選ばずしてどこを選ぶというのか。誰もがそう考えたに違いありません。

＊＊＊

救国伝説にならうなら、ピンチを切り抜けたときの祝杯にシャトー・オー・ブリオンを選べたら最高ですよね。いや、修羅場をうまく逃げ切るために〝会議は踊る〟式で利用するほうが正しいかも……？[*2]

---

*1 17世紀の作家ジョン・イヴリンの日記には、優れたボルドーワインを生み出す畑として「ポンタック」と「オー・ブリオン」を挙げている箇所があるそうです。 *2 シャトー・オー・ブリオンの価格帯は10万円前後がざらです。誰かの怒りを鎮める代償と考えたら、けっして高すぎる買い物とは……（苦しい）

第18話

ナポレオンの〝推しワイン〟

英雄、シャンベルタンを好む——最古の畑のとなりにできた最愛の畑の物語

英雄ナポレオンはワインが大好物でした。特に推しワインは「シャンベルタン」だったといわれています。フランス・ブルゴーニュで造られる高級赤ワインです。ボトルに自らの頭文字「N」を刻印して戦場に大量に持ち込むほど好きだったとか（割れたらどうすんの⁉）、戦いの前に飲めば必勝のゲン担ぎワインだったとか、飲まずに臨んだロシア遠征が失脚のきっかけになったとか……。とにかくナポレオンと絡めて語られがちなワインがシャンベルタンなんです。

そんなナポレオンの寵愛を受けたシャンベルタンは「ブルゴーニュの王」とも称されます。中二心がくすぐられる異名ですよね。さらにワインマニア的には、シャンベルタンを生み出した「畑のストーリー」もおいしくいただけてしまうんです。王の誕生がもたらした騒動の物語、知ってもらいたいと思います。

ブルゴーニュ最古のぶどう畑

フランス中東部に位置するブルゴーニュは、南西部のボルドーと並ぶワインの銘

醸地です。フランスで「2大産地」といったら、たいていはボルドーとブルゴーニュのことを指します。

ブルゴーニュではぶどう畑が格付けされています。格付けは4段階。最上級はワイン愛好家のあこがれ「グラン・クリュ（特級畑）」。意味は「偉大な畑」。もっとも品質の高いぶどうを生み出す畑に与えられます。

畑の格付けはワインの格付けと同義であり、高い格付けの畑名はそのままワインの名前になるのがブルゴーニュ流です。

ナポレオンを虜にしたシャンベルタンに使われるぶどうを産する畑の名もやはり「シャンベルタン」。現在、グラン・クリュに認定されているぶどう畑です。*1

そんな皇帝最愛のワインを生み出す畑シャ

どうして修道士がぶどう畑を開墾するの？

クロ・ド・ベーズの例に限らず、なぜブルゴーニュでは多くのぶどう畑が修道士によって拓かれていったのでしょうか？

ワインはキリスト教において重要な存在です。最後の晩餐でイエス・キリストは「これは私の血である」として弟子にワインを分け与えました。修道士にとってミサの宗教儀式に欠かせず、日用の飲料でもあったワイン。そのため、畑を開墾してワインを造ることは修道士の大事な仕事でした。同時に修道院の運営資金を稼ぐビジネスでもあったんです。中世ヨーロッパのワイン造りが修道院を中ンベルタン、実は「最古の畑」のおかげで誕生することができたんです。

最古のぶどう畑のとなりに……

ブルゴーニュで最初のぶどう畑が生まれたのはおよそ1400年も前のこと。ベーズ修道会が7世紀に開墾した畑がはじまりといわれています。修道士たちがぶどうを植え、周囲を頑丈な石垣で囲い、他の区画と区別されたその畑は「クロ・ド・ベーズ」と名付けられました。[*2]「クロ」は石垣などで囲まれた区画を意味するフランス語です。

クロ・ド・ベーズこそ、ブルゴーニュ最古の畑なんです。

――時は流れて13世紀。クロ・ド・ベーズはブルゴーニュでも有数の高品質なワインを生み

心に大きく発展した背景にはそんな事情がありました。

修道士たちは良質なワインを生み出す畑を探し出すうちに不思議なことに気付きました。となり合った畑で同じようにぶどうを育てても、まったく違う味わいのワインが出来上がるんです。どうして？

それこそがテロワールでした。畑の微妙な土壌の違いや日当たり、畑の傾斜などの差異がワインの味わいに反映されていたんです。それらの要素を総称してテロワールと呼びます。ワインの味は畑の味、テロワールが決めるんです。

こうして、ブルゴーニュでは修道士たちによって優れたテロワールが探し出され、後世にグラン・クリュとなる畑が次々と拓かれていきました。

出す畑として名を馳せていました。その評判を聞いたひとりの農夫がひらめきます。「クロ・ド・ベーズのとなりの畑にぶどうを植えたら、クロ・ド・ベーズと同じくらいおいしいワインが出来るのでは？」

鋭い！　そのとおりです。農夫の名はベルタン。思惑はみごと的中しました。ベルタンがクロ・ド・ベーズに便乗（？）して造ったワインは確かに味が良く、かなりの好評を博したんです。

もうおわかりですよね。この畑がグラン・クリュ「シャンベルタン」のはじまりです。ベルタンが開拓した畑（シャン）だからシャン・ド・ベルタン（ベルタンの畑）。のちに転じてシャンベルタン。この畑から造り出されるワインをナポレオンがたいそう気に入ったというわけですね。[*3]

「ブルゴーニュの王」シャンベルタンは、「ブルゴーニュの最古」クロ・ド・ベーズがあったからこそ生まれ得たんです。

シャンベルタン狂騒曲の果てに

シャンベルタンの畑はその後、優れたワインだけでなく、「シャンベルタン狂騒曲」ともいえる状況を生み出すことになりました。英雄ナポレオンが好んだという伝説も手伝って、高まり続けるシャンベルタン人気。そのブームにあやかろうと、周辺の村や畑がシャンベルタンを名乗りはじめたんです。

19世紀のことです。シャンベルタン周辺の「ジュヴレ村」が「ジュヴレ・シャンベルタン村」に改名します(ブランディングうまいな〜)。さらにはあの最古の畑クロ・ド・ベーズすら、「シャンベルタン・クロ・ド・ベーズ」と名乗り出しました(あなた始祖でしょ⁉)。

その後もジュヴレ・シャンベルタン村の中に、シャンベルタンの名を冠する畑が続々と誕生していきます。シャンベルタンとシャンベルタン・クロ・ド・ベーズを取り囲むようにして、リュショット・シャンベルタン、マジ・シャンベルタン、ラトリシエール・シャンベルタン、シャペル・シャンベルタン、グリオット・シャンベルタン、シャルム・シャンベルタン、マゾワイエール・シャンベルタン……ゲシュタルト崩壊しそう！　しかも、これらすべての畑がグラン・クリュなんです。

こうして〝9つのシャンベルタン〟を抱えることになったジュブレ・シャンベルタン村。ちょっと気になりませんか？　同じグラン・クリュとはいえ、どの畑が最も優れているのかって。でも、そこに議論の余地はないようです。

誰もが序列の頂点に立つことを認め、品質でも価格でも他のグラン・クリュを圧倒するのはもちろんこのふたつ。修道士が祈りを込めた最古の畑シャンベルタン・クロ・ド・ベーズ、そしてそのおとなり、農夫によって生み出され、ナポレオンの寵愛を受けた畑シャンベルタン。最古と最愛の畑は別格なんです。

＊＊＊

実はジュヴレ・シャンベルタン村は近年、ナポレオン絡みで宣伝しなくなっています。もはやジュヴレの名前で十分に売れますからね……。最近はむしろ、となり村のフィサンのほうが畑名に「ナポレオン」を冠するなどしてアピールするように。だんだんとナポレオンが〝ブランディングに便利な人〟扱いになっているような……？

＊1 現在グラン・クリュに指定されている区画は33。〝あの畑がイチバン！論争〟は意見の分かれるところですが、「シャンベルタン」はいまなお誰もが認める最高峰のグラン・クリュであり続けています。 ＊2 クロ・ド・ベーズは石垣で囲まれたぶどう畑として最古のものと伝えられていますが、その証拠となる遺構は見つかっていないそうです。同様の畑としては「クロ・ド・ヴージョ」が超有名。12世紀よりシトー会修道院によって開墾され、14世紀には城壁で囲まれた区画が完成しています。 ＊3 ナポレオンは〝実は早食いで美食家じゃなかった説〟も有名です。だから「シャンベルタン」を飲んでいたかどうかもあやしいとか。いや、むしろ豪快にガブ飲みしていたのでは……!?

第19話

シャンパーニュの偉大な未亡人

ヴーヴ・クリコを躍進させた剛腕経営者マダム・クリコ

突然ですが、僕が勝手にメジャーシャンパン四天王と呼んでいる銘柄があります。「モエ・エ・シャンドン」第37話「ヴーヴ・クリコ」「ポメリー」「マム」。どれも身近なスーパーや酒屋などで手に入れやすいシャンパンです。なかでも印象的なのは、ひときわ目を引く色鮮やかなイエローラベルのヴーヴ・クリコ。このシャンパンを語るうえで欠かせないひとりの女性がいます。

世界が称賛を惜しまない偉大な経営者の物語をお届けしましょう。

縁起の悪いシャンパン!?

ヴーヴ・クリコという名前、ちょっとドキッとするんです。日本語に訳すと「未亡人クリコ」。だから縁起をかつぐ結婚式にはふさわしくないシャンパンなんて扱いを受けることもあります。

その気持ちはわかりつつも、僕はそうは思わないんですよね。だってヴーヴ・クリコの祖であるマダム・クリコは、シャンパンの未来を築いた偉大なマーケターだから。

そして未亡人となってからも人生をより力強く切り拓き、世界に祝福を注いだ人でもあるから。そんな「シャンパーニュの女神」が生み出したヴーヴ・クリコでふたりの将来に乾杯する――どんな困難も乗り越えていけそうな気がしませんか？

夫の急死に立ち上がる

ヴーヴ・クリコの歴史は古く、1772年にまでさかのぼります。初代当主フィリップ・クリコがシャンパーニュ地方の中心ランスに「クリコ」というメゾン（ワイナリー）を開設したのがはじまり。その2代目当主フランソワに嫁いだのがバルブ・ニコル・ポンサルダン。後のマダム・クリコです。

クリコはロシアへ事業を拡大し好調そのもの。ニコルも社長夫人として幸せな日々を送っていました。ですが、1805年、突然人生を大きく左右する選択を迫られることになります。なんと夫フランソワが急死してしまったのです。このときニコル27歳。6歳の娘を抱えていました。

彼女に残された道はふたつ。クリコの廃業か、家業を継いでシャンパンを造り続けるか。さぁ、どうする⁉

19世紀はまだまだ男性中心の社会。保守的なワイン業界ともなるとなおさらで、伝統あるメゾンを女性が経営するなど考えられない時代でした。当然、周囲はクリコの廃業を予想していましたし、息子を失った義父も廃業を考えていたようです。

しかし、ニコルはもうひとつの道を選びました。すなわち、ニコル自身が家業（クリコ）の代表（マダム）となり、夫の遺志を継いでシャンパンを造り続ける道です。ここから肝っ玉母さん、マダム・クリコ第二の人生がスタートしました。

危ない橋も渡る豪胆経営者

マダム・クリコは手はじめに社名を変更します。ヴーヴ・クリコ・ポンサルダン。ヴーヴとは未亡人のこと。それをブランド名にするとは……思い切りましたね！　わざわざヴーヴと宣言したことから、マダムの決意と覚悟、そして彼女に注がれる視線がどんなものだったのかも伝わってくるようです。

マダムのもとで新たなスタートを切ったヴーヴ・クリコ。しかし、船出はのっけからピンチを迎えました。激化するナポレオン戦争の影響で、重要顧客だったロシアへシャンパンを輸出できなくなってしまったんです。

マダムはこのピンチを剛腕で乗り切ります。1814年、ナポレオン失脚で仏露関係に改善の兆しが見えるや、抜け目ないマダムはすぐさまロシアへの輸出再開を画策。ライバル企業に遅れをとるまいと、禁輸措置が解除される前にヴーヴ・クリコ2万本の密輸を強行しようとしたんです。バレたら没収されてすべてを失う——まさに社運を賭けたプロジェクト！　マダム、強メンタルすぎる……！

この一世一代の大博打にマダムは勝ちました。ただ、実のところ商品を積んだ船が出港できずに計画は失敗しており、大量在庫を抱えてあわや経営危機という土俵際で禁輸解除となって助かったのだとか……。ギリギリで賭けに勝ったマダム、なんて豪運の持ち主。伝説の経営者は危ない橋もなんとか渡ってしまうものなんですね。

ヴーヴ・クリコはその後、輸出拡大とともにロシア市場における人気を盤石のものとします。売上を大きく伸ばし、会社は急成長を遂げていきました。[*1]

そんな肝の据わった経営者のもと、優秀な醸造技師が集まったヴーヴ・クリコは技術面でも存在感を増していきます。そのなかには現在のシャンパン造りに影響を与えた画期的な技術がたくさんあるんです。

ファーストペンギン気質のマダム

マダム・クリコはさまざまな先進的技術を生み出しました。そのひとつが、シャンパンの液体を透明にする技術です。実は当時のシャンパンは、製造過程で発生する滓（おり）が除去できず濁（にご）っていました。マダムの美意識的には、この濁りがどうしても許せなかったんですね。

いまのシャンパン造りでは、シャンパンを透明な液体にする「ルミュアージュ（動瓶）」という工程があります。傾斜をつけて寝かせたボトルを左右にちょっとずつ回転させ、滓を瓶口に集めるんです。この手法を考案したのがマダムというわけ。かつて熟練した動瓶士の手回しだった作業は現在、多くが機械化されていますが、原理はマダムのアイディアまんま。その発想力、エジソンクラスなのでは？

ロゼシャンパンの改良もマダムの功績です。淡いピンクのシュワうまなやつですね。でも、当時は白シャンパンを果実で着色したていどのもので、マダムが納得できる味わいではなかったんです。

「我々のワインは口も目もよろこばせるものでなくてはならない」。それがマダムの信条。ロゼシャンパンは淡いピンクから連想される香りや味を持つべきだと考えたマダムは、上質な赤ワインをブレンドする手法を考案します。

そしてこれが大当たり！　赤ワインの風味がほのかに加わった新生ロゼシャンパンは大ヒット商品となったんです。いまではほとんどのメゾンがマダム考案のブレンド法でロゼシャンパンを造っています。

ワインという男性中心社会、しかもシャンパーニュという伝統を重んじる地域で、〝未亡人が誰もやっていないことに挑戦する〟ことの苦労は想像に難くないですよね。僕たちがいま、おいしいシャンパンを愉しめるのは、伝統に立ち向かい、ファーストペンギン気質を発揮したマダムのおかげ。シャンパン好きにとってマダム・クリコは、「シャンパーニュの女神」と言っても過言ではない存在なんです。

偉大なる女性を継ぐものたち

夫の突然の死を乗り越え、後継者として立派に家業をやり遂げたマダム・クリコ。64歳で引退するとヴーヴ・クリコの経営を娘婿に……ではなく、従業員のエドゥアール・ヴェルレに託しました。やり手だったヴェルレによって市場開拓が進み、会社はさらに発展。そして「ヴーヴ・クリコ イエローラベル」も誕生しています。現在ヴーヴ・

88歳で天寿をまっとうしたマダム・クリコ。恰幅のいい泰然自若とした肖像画がいまに伝わっています（上司にしたい系？）

クリコのシンボルとなっている、あの〝鮮やかな黄色ラベルのシャンパン〟です。

血縁者でなくても能力のある者を後継者に指名する。そんなドライな判断からも、女性実業家の草分けといわれるマダムらしさが伝わってきますよね。

＊　＊　＊

1972年、ヴーヴ・クリコは創立200年を記念したプレステージ（最高級ライン）シャンパンを発表しました。その名は「ラ・グランダム」。「偉大なる女性」です。マダム・クリコに捧げられた1本であることは言うまでもありません。

まるで朝ドラのような激動の人生を駆け抜けた「シャンパーニュの女神」マダム・クリコ。マダムの妥協を許さない美意識によってシャンパンは磨き上げられました。そんな彼女がヴーヴ・クリコについて残した言葉があります。

「品質はただひとつ、最高級だけ」

乗り越えるチカラが欲しいときに飲むのもいいし、門出を祝福して贈るのにもいいでしょう。ヴーヴ・クリコはパワーみなぎるシャンパンなんです。

＊1　ヴーヴ・クリコは、甘口のシャンパンを好むロシア市場で圧倒的なシェアを獲得します。その結果、ロシアではシャンパン自体が非常に価値のあるものとして扱われるように。後年、皇帝アレクサンドル2世がルイ・ロデレールに専用シャンパン「クリスタル」（第20話）を作らせたのにもそうした背景がありました。

第20話

ロシア皇帝の特注シャンパン

時の権力者の疑心暗鬼が生んだ不思議なボトル「クリスタル」

数あるシャンパンメゾン（ワイナリー）のなかで最も多くの尊敬を集め、称えられるのがルイ・ロデレールです。ドリンクス・インターナショナル誌の「世界で最も称賛されるシャンパンブランド」では5年連続で第1位に選ばれています。

ルイ・ロデレールのシャンパンにはいくつかラインナップがありますが、[*1]圧倒的な知名度を誇るのはやっぱり「クリスタル」でしょう。ルイ・ロデレールのプレステージ・キュヴェです。これは最高の畑とぶどうから造る最高級ラインのこと。文字どおり、生産者の威信（プレステージ）をかけたシャンパンというわけ。言葉の響きだけで重みを感じますよね。

ボトル仕様が独特な「クリスタル」

このクリスタル、格が違うだけでなく不思議な特徴を持っています。それは他のシャンパンボトルとは明らかに異なる外見。ほとんどのシャンパンボトルが濃い緑色のガラスなのに、クリスタルは透明ガラスなんです。底の形状も違います。一般的には底がくぼんでいますが、クリスタルの底はフラットになっているんです。

これはおかしな話ですよね。なぜって、一般的なシャンパンボトルの仕様には合理的な理由があるから。緑色のガラスは紫外線をカットして液体の劣化を防ぐためだし、底のくぼみは衝撃に耐えたり、発泡の圧力を分散させて瓶の破損を防いだりするため。意味もなくガラスを緑色にして底をくぼませているわけではないんです。

じゃあ、クリスタルが紫外線や衝撃に弱いのかというと、そういうわけではありません。出荷時にはオレンジ色のセロファンでボトルを包み遮光しているし、[*2]底はガラスを分厚くして衝撃耐性を強化。弱点はちゃんとカバーされています。

なぜクリスタルはわざわざこんな独自仕様になっているのでしょうか？　ちょっと変わった逸話が残されています。どうやら〝ロシア皇帝の不安〟が深く関わっているようなんです。

暗殺におびえた皇帝の注文は？

ルイ・ロデレールが現在の名称となったのは1883年。18世紀設立のシャンパンメゾンを初代ルイ・ロデレールが引き継いだのがはじまりです。商才に恵まれたロデレールはシャンパン事業を自国フランス以外にも広げます。その商売相手のひとつがシャンパン大好き国家ロシアでした。

当時のロシアはロマノフ朝第12代皇帝、アレクサンドル2世の時代。皇帝は無類のシャンパン好き。ルイ・ロデレールの愛好家でもありました。そんな皇帝がルイ・ロデレールに対し、〝皇帝専用のシャンパン〟を献上するよう持ちかけます。

もちろん上得意様のご要望ですし応えなきゃ、ですよね。ただ、特別な注文がふたつありました。ボトルは「透明なガラス製」で「平らな底」にせよ、と。なんて面倒くさい要求……！　僕が担当者だったら文句のひとつも言いたくなりますが、そこには皇帝にしかわからないお悩みがあったんです。

当時のロシアはかなりの政情不安。アレクサンドル2世がロシア近代化のため改革を行なった結果、社会の急激な変化に対する、国民からの激しい反発を招いていました。そのため、アレクサンドル2世は暗殺におびえ、疑心暗鬼に陥っていたのでしょう。だからこそ、「毒が混入しても色でわかる透明ガラス」と「瓶底に小型爆弾を仕掛けるスペースのない平底」という特別仕様のボトルを求めたんです。

ただ、透明ガラスはわかるとして、瓶底に小型爆弾⁉　あのくぼんだ部分に？　そこまで心配しないといけないなんて、皇帝のお仕事も大変ですよね。

発注から3年後の1876年。アレクサンドル2世の要求どおり、皇帝専用シャンパンが完成しました。特注の透明なクリスタルガラス製で分厚い平底を採用したボトルです。ラベルにはロシア皇帝の大紋章入り。このシャンパン、クリアに輝く気品あふれる姿から「クリスタル」と名付けられました。

クリスタルはもちろん皇帝を大いに安心させ、その味覚も満足させました。ルイ・ロデレールには後年、アレクサンドル2世の孫にあたるニコライ2世の時代に「帝室御用達シャンパン業者」としての地位が与えられるのですが、それほどクリスタルはロマノフ家の寵愛を受けていたんです。

ルイ・ロデレールの「クリスタル」はシャンパンボトルでは珍しい透明ガラスと分厚い平底を採用しています。宮殿のシャンデリアのもとで美しく輝く姿が想像できますよね

クリスタルは市民にも開かれた時代に

クリスタルの終わりは突然やってきました。1917年のロシア革命で帝政が崩壊すると、皇帝という巨大な得意先を失い、生産中止となってしまったんです。

クリスタルが復活したのは1945年。世界大戦や大不況で高級品が売れないご時世ではありましたが、こんどはロマノフ家向けに売るのではなく、一般向けに市販することになったんです。コスト面を考え、ボトルの素材はクリスタルガラスから一般的なガラスに変えられたものの、クリスタルの〝特殊すぎる来歴〟を尊重し、「透明ガラス」と「分厚いフラット底」は変えずに復活を果たしました。

おかげで宮殿の外に暮らす僕らもいま、ロシア皇帝の疑心暗鬼が生んだ美しいボトルで、疑いようのない美味を味わうことができるのです。

＊＊＊

ところで、暗殺におびえていたアレクサンドル2世ですが、1881年、馬車に投げ込まれた爆弾で命を落としてしまいました。クリスタルを造らせるほど警戒していたのに……。皇帝がボトルを特注してでも飲みたかったルイ・ロデレールのシャンパン。そんな伝説が刻まれたクリスタルを誰かに贈るとしたら、どんな想いを込めますか？

＊1 ルイ・ロデレールのシャンパンラインナップはどれも高評価。比較的お手頃価格の「コレクション」（安いわけではないですが……）、ぶどうの出来が良い年だけ造られる「ブリュット・ヴィンテージ」、白ぶどうだけで造られた「ブラン・ド・ブラン」などもあります。　＊2 「クリスタル」をすぐに飲まない場合は、セロファンを剥がさないようにしてくださいね。はじめて奮発してクリスタルを買ったとき、紫外線対策のことを知らずにビリビリに破いてしまった僕からのお願いです。

第21話

忠誠のブルネッロ

大地主から農夫へ継承されたワイナリー、チャッチ・ピッコロミニ・ダラゴナ

ワイン造りは世襲が基本。直系家族か親族が受け継いでいくファミリービジネスです。でも、なかにはまったく血のつながりがないのに名門ワイナリーを継承することになった人もいるんです。

イタリアの高級赤ワイン「ブルネッロ・ディ・モンタルチーノ」の優れた造り手である、チャッチ・ピッコロミニ・ダラゴナのケースがまさにそう。実はこのワイナリー、働き手として雇われていた農夫ジュゼッペ・ビアンキーニが貴族から相続して今日に至ります。いったいどんな物語があったらそんなことに？

名門ワイナリーの製造責任者

イタリア中部トスカーナ州の小さな町モンタルチーノ。この地域では約200の生産者がブルネッロ・ディ・モンタルチーノを造っています。モンタルチーノはイタリアのワイン法*1で造り方が厳しく規定されていて、その品質の高さは「贈答品ならブルネッロ」といわれるほど。「バローロ」第12話や「バルバレスコ」とともにイタリア3大

赤ワインとも呼ばれています。

そんなブルネッロの造り手で、17世紀から続くとされる名門チャッチ・ピッコロミニ・ダラゴナがその名になったのは20世紀前半。モンタルチーノ南部の荘園を所有していたフランチェスコ・チャッチの娘エルダが、ピッコロミニ・ダラゴナ家のアルベルト伯爵と結婚したことによって、ふたりの名をとったワイナリー名に改称されました。

伯爵夫妻が継いだワイナリーでぶどう栽培とワイン醸造を担当していたのがジュゼッペ・ビアンキーニでした。

現代でもそうですが、「ワイナリーのオーナー自身はワイン造りのプロではなく、専門家を雇って任せるケース」も多いんですよね。真面目に働くジュゼッペはオーナーの厚い信頼を得ていました。その後、伯爵に先立たれたエルダ夫人からは特に頼りにされていたようです。

ジュゼッペの夢

ジュゼッペ・ビアンキーニは将来、自分の畑を持ちたいと考えていました。そして伯爵夫妻のもとに住み込みで働くなか、１９７９年に念願だった小さな畑を購入します。そんなジュゼッペにエルダ夫人はこのような言葉をかけたのだそうです。

「なんで畑なんか買うの？」

エルダ夫人、そんな！　そりゃあ、チャッチ・ピッコロミニ・ダラゴナのぶどう畑とは比べ物にならないくらい小さな畑ですよ？　それでも、こっちはコツコツ貯めたお金で……そんなこと言わなくても……とジュゼッペが傷ついたかどうかはわかりませんが、もちろんエルダ夫人の言葉はそんな意味ではなかったんです。

彼女の真意が明らかになったのは数年後のことでした。

まさかの遺言状

１９８５年、エルダ夫人が亡くなり、相続問題が持ち上がりました。伯爵夫妻には跡取りがいなかったんです。広大な土地や財産をいったい誰が相続するのか？　世間も注目しました。チャッチ・ピッコロミニ・ダラゴナは大地主であり、モンタルチーノ周辺でも最高評価のぶどう畑を所有していましたからね。伯爵の従兄妹たちに譲るのか、それとも競売にかけて売却してしまうのか――。

エルダ夫人の遺言にはこう書かれていました。

「荘園と邸宅のすべてをジュゼッペ・ビアンキーニに譲る」

小さな畑を手に入れたジュゼッペにかけた言葉の真意でした。きっとエルダ夫人はわかっていたんですね。伯爵夫妻が愛したぶどう畑とワインを本当に大切にしてくれるのは誰なのか。相続で畑がバラバラになるのは忍びない。これからもジュゼッペにブルネッロを造り続けてほしい。そんな想いが伝わってくるようです。

遺言にいちばん驚いたのはジュゼッペでした。たしかに伯爵夫妻に子どもはいませんでしたが、親族はいるんです。それこそ付き合いのあるワイナリーに譲るという選択肢だってあったはず。まさか血のつながりのない自分がすべてを相続することになるなんて……。

いまもワイナリーの名は主人のまま

チャッチ・ピッコロミニ・ダラゴナの製造責任者だったジュゼッペ・ビアンキーニは、こうして名門ワイナリーのオーナーに就任しました。ジュゼッペはエルダ夫人の遺志を継ぎ、その後の人生をよりいっそうワイン造りに捧げることになります。

もともとモンタルチーノでも最高のぶどう畑とされる「ピアンロッソ」を所有していたチャッチ・ピッコロミニ・ダラゴナ。一流の畑と確かな腕を持つ造り手との組み合わせです。ジュゼッペが生み出すブルネッロ・ディ・モンタルチーノが評判を高めていったのは当然のことですよね。

それでもジュゼッペはワインの値段を吊り上げることはしませんでした。自身の幸運に感謝していたからこそ謙虚な姿勢を貫いたのです。

ジュゼッペの思いはワイナリーの名にもあらわれています。

チャッチ・ピッコロミニ・ダラゴナ家はもうなくなったわけですから、ジュゼッペ・ビアンキーニの名を冠したワイナリー名に変えることもできたはずです。しかし、彼はその後もずっと変わらず、チャッチ・ピッコロミニ・ダラゴナを名乗り続けました。まるで想いを託してくれた当主への忠誠を示すかのように――。

＊　＊　＊

ジュゼッペは2004年に亡くなりました。その後、息子パオロと娘ルチアのふたりが父親の精神を受け継ぎ、いまもチャッチ・ピッコロミニ・ダラゴナとして、高品質かつ良心的なプライスのワインを造り続けています。

大地主から農夫へと継承された、ブルネッロ・ディ・モンタルチーノ。信頼と忠誠で結ばれた物語は、ワインとともに語り継がれています。

＊1「ワイン法」とは便宜的な呼び名です。イタリアでは原産地呼称管理法によって「ブルネッロ・ディ・モンタルチーノ」を名乗るための製造法等の諸条件が定められています。格付けは最高位のDOCGです。

第22話

日本庭園のようなワイン

バトンをつないできた日本ワインの到達点「シグナチャー」

日本はワイン造りの歴史が浅い国です。ワイン用ぶどうの栽培に向いた気候でもありません。でもいま、日本ワインの実力は世界に追いつきつつあります。

１８７７（明治10）年に大日本山梨葡萄酒会社が設立されたことからはじまった、日本の本格的なワイン造り。「日本で最高のワインを造るんだ」。わずか１５０年ほどで国産ワインの品質を引き上げた原動力は〝人の情熱〟にありました。

２０２４年、日本を代表する赤ワイン「シグナチャー」がヴィナリ国際ワインコンクールで金賞を受賞しました。日本では栽培困難といわれたヨーロッパ系ぶどう品種から造られたワインです。僕はフランス・ボルドー（第2話）の格付けシャトーと比べても遜色ないレベルだと思っています。どんな道を経て、ここまでレベルを高めてきたのでしょうか？

「日本じゃ無理」の常識に挑戦

明治時代にスタートした日本のワイン産業が大きな盛り上がりを見せはじめたの

は1960年代。消費者のワイン嗜好が本格化するにつれ、日本のワイン生産者はぶどう品種の課題に直面するようになりました。

本格的なワインを造るには、皮が厚くて糖度と酸味が高いヨーロッパ系品種が必要です。しかし、当時の日本ではヨーロッパ系品種がほとんど栽培されておらず、多くはアメリカ系か、ヨーロッパ系とアメリカ系の交配品種という状況でした。かといって、全部ヨーロッパ系品種に植え替えれば解決するという話でもありません。ヨーロッパ系品種に適しているのは雨が少なく乾いた気候。常識的に考えれば、多湿な日本の気候は適さないわけですから。

この〝常識〟に真っ向から立ち向かったのが、メルシャンでワイナリー工場長を務めていた浅井昭吾さん*1でした。「近代日本ワインの父」と呼ばれる醸造家です。

浅井さんは1976年、国産ワインの生き残りをかけて、長野県塩原市桔梗ヶ原(ききょうがはら)でヨーロッパ系ぶどう品種「メルロー」の栽培を開始。地元のぶどう農家も浅井さんの呼びかけに応じ、メルローと桔梗ヶ原の相性を信じて栽培に取り組みました。

そうして生まれたワインが「信州桔梗ヶ原メルロー」です。1985年ヴィンテージがリュブリアーナ国際コンクールで大金賞を受賞し、日本でもヨーロッパ系ぶどう品種を立派に育てられることを証明してみせました。これによって日本ワインの未来への扉が開けていきます。

レジェンド醸造家の批評

日本ワインを次のステージへと引き上げたのが、メルシャンの安蔵光弘さんです。後進の育成にも熱心だった浅井さんの薫陶を受け、そのバトンを受け継ぎました。日本最高の赤ワインのひとつ、シグナチャーの生みの親として知られています。日本を世界の銘醸地にすべく奮闘し、大きな功績を残している名醸造家です。

安蔵さんは日本ワインのポテンシャルに期待していました。その理由がニュージーランドワイン「プロヴィダンス」の存在です。ボルドーのトップシャトーに比肩するクオリティを持つこのワインは、日本と同じワイン新興国で生まれました。そこに日本ワインの未来を感じたのです。「ニュージーランドで造れるなら日本でも造れるはず」。もちろん、そう思いどおりには事は運ばないわけですが……。

第26話

1998年の出来事でした。「5大シャトー」のひとつ、シャトー・マルゴーの総支配人ポール・ポンタリエを醸造アドバイザーに招き、信州桔梗ヶ原メルローの評価を求める機会が訪れたんです。……ポンタリエ！　一時期低迷したボルドー格付け1級のシャトー・マルゴーを立て直した、ワイン界のレジェンドですよ？　そんな大物に自分たちのワインをぶつける……きっと不安もあったはず。

緊張のなか、安蔵さんが選んだのは当たり年の1992年ヴィンテージでした。いわばこの時点における日本最高のワイン。自信作です。さぁ、どうですか⁉

「青臭い」。ポンタリエから返ってきたのは予想外に手厳しい指摘でした。当時、メルシャンにおけるメルローに対する認識は「青臭いのは品種の特性だから仕方がない」というもの。でも、ワイン造りの最先端を走るボルドーではすでに「青臭さは品種の特徴ではなく栽培で解決できる」ものだとわかっていたんです。

ポンタリエの指摘は続きました。「新樽の香りが強すぎる」「抽出が強すぎる」――それって、これまでメルシャンが目指してきた、濃いワインの造り方そのものなんですけど……。ただ、日本のテロワールが〝濃く凝縮したワイン〟を造るのに向いていないのも確かなんですよね。じゃあ、どうすりゃいいのさ⁉

目指すは「日本庭園のようなワイン」

そのときポンタリエが示した、日本ワインの目指すべき方向性とは「日本庭園のようなワイン」というものでした。壮大で豪華絢爛なものではなく、日本庭園のようにあらゆる要素が上品に調和したワインこそがジャパニーズワインなのではないのか？　巨匠は見抜いていたんですね。自国のアイデンティティを見直すべきだと。
このポンタリエの示唆から定められたメルシャンのフィロソフィー「フィネス＆エレガンス」のもと、安蔵さんによって改良を重ねられていった信州桔梗ヶ原メルロー。上質なぶどうが収穫できる区画を選定し、さらに品質の優れた樽だけを厳選して仕込む――そうして誕生したワインが、シグナチャーでした。特別なワインに醸造責任者が署名することを指す言葉を与えられたワイン。信州桔梗ヶ原メルローの上位版であり、メルシャンの最上級ラインです。ボルドーを追わず、日本らしさを求めたシグナチャーこそ、日本ワインのあるべき姿でした。シグナチャーはいま、ぶどうの出来が良かった年だけ生産され[*2]、多くの愛好家の舌を満たし続けています。

＊　＊　＊

シグナチャーは明治以来続く日本ワインのひとつの到達点です。調和という日本らしさを再発見し、生産者のバトンをつないでやってきました。なにかを達成したと感じたときはぜひ、〝シグナチャーの誇り〟を味わってもらいたいですね。

＊1　浅井昭吾（1930-2002）さんは「麻井宇介（あさいうすけ）」のペンネームで活躍するワイン作家でもありました。　＊2　安蔵光弘さんの半生を描いた映画「シグナチャー～日本を世界の銘醸地に～」では、「シグナチャー」誕生の熱い物語が展開されています。観たらワインの世界が好きになる映画です！

第23話

エスト！ エスト!! エスト!!!

ワインがおいしすぎる村に興奮した司教と従者の珍騒動

だいぶ風変わりな名前のワインがあるんです。どうしてこうなった？みたいな。

ワインの名前って、よくわからないなりになんとなく格式の高さや雰囲気が伝わってきたりするじゃないですか。「シャトー・マルゴー（Château Margaux）」第26話と聞くと優美な品を感じるし、「キャンティ（Chianti）」第28話という響きと字面にはどこか親しみやすさを覚えたりします。語感や文字から受ける印象ってバカにできなくて、案外そのワインの本質をあらわしていることが多いと僕は思っています。まさに「名は体をあらわす」というやつですね。

ところが、どうしてもその理論が当てはまらないワインがあるんです。

「エスト！ エスト!! エスト!!!（Est! Est!! Est!!!）」

……いや、それワインの名前？　なんでエストって3回言った？　大事なことだから？　どうして「！」が増えていくの？　そもそも「！」ってワインの名前に使えるの？

ツッコミどころ満載のワインですが、別にふざけてこの名前がつけられているわけではありません。それどころか、実はこの「エスト！　エスト!!　エスト!!!」、1000年近い歴史を持つ伝説的なワインなんです。

ワインが好きすぎる司教の珍命令

どうしてこんな名前のワインが生まれたのか。その由来となった昔話があります。舞台は12世紀はじめ、イタリア・モンテフィアスコーネ村。首都ローマがあるラツィオ州の北部に位置している村です。

ある日のこと、司教ヨハネス・デフックはローマ教皇の戴冠式のため、ドイツからローマに向かって旅立ちました。この司教、ワインが大好物でして、従者のマルティーノにとあるミッションを与えたんです。

「これから立ち寄る村に先に入って、おいしいワインを出す店があったら、壁に『エスト』と書いておくように」

どういうこと？　「エスト(Est)」とは、ラテン語で「ある」という意味。つまり、司教は「ここの店にはおいしいワインがある」ことを示すマークとして「エスト」と書くように指示したわけです。

……同じワイン好きとして司教の気持ちはわからないでもないですが、だとして

も知らん店の壁に落書きさせるのはどうなの⁉

ワインがおいしすぎる村に大興奮のコンビ

そんな司教の珍命令に背くこともなく、従者マルティーノは真摯に行動を開始します。さっそく先行して到着した村がモンテフィアスコーネ村でした。

「さて、どの店がおいしいワインを出すのかな」

マルティーノはモンテフィアスコーネ村の酒場をハシゴして驚愕しました。なんと出てきたワインがことごとくおいしかったんです。なにこの村、すごいぞ！

村中を走り回り飲み回り、おいしければ「エスト！」、もっとうまけりゃ「エスト！エスト‼」。店という店の壁にマーキングしていくマルティーノ……誰か止めて！さらに極上のワインを出した店には興奮のあまり「エスト！エスト‼エスト‼!」と書きなぐる大サービス。誰か本当にマルティーノを止めて‼……これだからエキサイトしたワインマニアは困りものですよね！（自分を棚に上げながら）

さて、そんな状況を知らない司教がモンテフィアスコーネ村に到着しました。マルティーノと合流するや、村中が「エスト」だらけの様子に大興奮。これは期待しかない！　従者の暴走を諌（いさ）めることもせず、〝エスト印のワイン〟を味わってみたところ……ローマ教皇へ会いに行く用事を忘れるレベルのおいしさだったんです！

　そしてモンテフィアスコーネ村のワインに感動した司教は本当にローマへの旅をキャンセルしてしまい、生涯をこの地でワインとともに暮らすことになったのでした。めでたしめでたし——いや、急展開すぎる！　ローマ教皇案件、そんな理由で投げちゃっていいの⁉

　……もちろん、この物語はどう考えてもおとぎ話の類でしょうし、たくさんある言い伝えのうちのひとつです。でも、そんな野暮なことは言いっこなしでいいじゃないですか。

妙に幸福感のある物語を持ったワイン「エスト！ エスト‼ エスト!!! ディ・モンテフィアスコーネ」。この伝説をラベルに描いた銘柄もあるんです

珍伝説から生まれた幸福ワイン

この話から生まれたワインが「エスト！ エスト!! エスト!!!」です。正式名称は「エスト！ エスト!! エスト!!! ディ・モンテフィアスコーネ」。村の名前が入っていますね。この名称を名乗れるワインは、モンテフィアスコーネ周辺地域で造られる白ワインと決められていて[*1]、安くて軽く飲める銘柄が多いんです。

日本でもいろいろな「エスト！ エスト!! エスト!!! ディ・モンテフィアスコーネ」が販売されています。メリーニやファレスコといった生産者のものは1000円台とお手軽価格なのでおすすめです。飲む時はぜひ司教と従者の珍騒動を思い出しながら、「エスト!!!」の音頭で乾杯してみてください！

＊　＊　＊

あ、そうそう。現在のモンテフィアスコーネには司教のお墓があり、碑文には「司教は『エスト』の飲み過ぎで亡くなった」という意味の言葉が刻まれているそうです。ほんと、ワイン党としては完璧すぎる人生を送ったんですね。

*1 「エスト！ エスト!! エスト!!! ディ・モンテフィアスコーネ」は、ワインの銘柄名ではなく、イタリアのワイン法で定められたラツィオ州の原産地呼称。格付け上位2番目のDOCに認定されています。

第24話

家族をつなぐロマンチックワイン

カリフォルニアで絆ワインを造る、日本人夫婦のシャトー・イガイタカハ

「〝サイン・トゥ・ザ・ストーリー〟スパークリング3209」という変わった名前のカリフォルニアワインがあります。3209。それは出会いの数字。すてきなワインを生み出す夫妻を引き合わせた数字なんです。

このワインを造ったのは日本人。アメリカ・カリフォルニアのワイナリー、シャトー・イガイタカハのオーナー夫妻、杉本隆英さんと美代子さんです。ふたりの出会いは1968年、中学校の同じクラスでした。3年2組、出席番号はともに男女の9番……だから3209！　洒落たネーミングですよね〜。結婚記念日よりも古い思い出ナンバーを持っている夫婦って、めっちゃうらやましくないですか？

実は杉本さん、まったく畑違いの業界から身を転じ、50歳を超えてからワイン造りをはじめたという異色の人。家族愛から拓けたワインの道だったんです。

家族への想いをワインに込めて

杉本さんはもともとシリコンバレーのIT企業で働いていたワイン門外漢。44歳ま

でワインを飲んだこともありませんでした。そんな人がいま、人気ワイナリーのオーナーだなんて、なにがあったの⁉　……はい、出会ってしまったんですね、人生の1本に。ロバート・モンダヴィ・ワイナリーの「ウッドブリッジ（赤）」。飲んだ瞬間に衝撃が走りました。「世の中にこんなにおいしいものがあったのか！」

たちまちカリフォルニアワインの虜となった杉本さん。職業柄もあってか沼にハマったが最後、仕事が徹底的かつ早い！　日本向けにカリフォルニアワインを紹介する布教サイトを立ち上げ、さらには東京・麻布十番でカリフォルニアワインに特化したレストランも経営。そして2005年、「家族用ワイン造り」に取り組むときがやってきます。「いつの日かやってくる娘ふたりの結婚式を、彼女たちの名前が入ったワインで祝いたい」。家族への想いからはじめた挑戦でした。

ワインのラベルに使われたシンボルは、杉本家の家紋「丸に違い鷹羽（チガイタカハ）」。結婚しても生まれ育った家を忘れないでほしい。そんな想いをワインに刻んだんです。この家紋の名称をもとに考案されたのが「シャトー・イガイタカハ（Ch. igai Takaha）」というワイナリー名でした。チガイタカハの先頭の綴り「Ch」を、シャトーをあらわす表記に見立てたもの。「イガイタカハ」という聞き慣れない響きは、こうした言葉あそび的なセンスから生まれていたんですね。

「Divine Wish」と「Jewel Wish」は長女・祐希さん、次女・珠希さんの名に由来するワインです。ふたりに共通する「希＝Wish」に、「祐＝Divine」と「珠＝Jewel」を組み合わせたもの。こんなすてきなワインを造って門出を祝おうとしてくれるパパとママ……幸せすぎでは!?　もう〝世界一ロマンチストな親御さん〟認定で！

ロマンチックで高品質なシャトー・イガイタカハ

シャトー・イガイタカハのワインはロマンチックなだけじゃないんです。品質だって世界レベル。「侍（白）」がパーカーポイント95点を獲得して話題になったし、フラッグシップ「園（赤）」はＪＡＬ国際線ファーストクラスのメニューに採用されています。「日本人がカリフォルニアで造る、漢字ラベルのワイン」というユニークさと約束された味わいで、世界のＶＩＰの舌を存分に愉しませているんです。ちなみに、園というひと文字のネーミングは美代子さんの旧姓園田からとったもの。こういう人の歴史を大切にする姿勢からも〝ワイナリーの人柄〟が伝わってきますよね。

実はイガイタカハは自社のぶどう畑や醸造所を持っていません。杉本さん夫妻が考えるコンセプトをもとにワインメーカーが造り、最終的に全員でテイスティングを行ない、ぶどう品種や畑ごとのブレンドを決定しています。そういうワインの造り方もあるんです。そうなると気になるのは、どんなワインメーカーが造っているのかって話なんですけど、これがまたすごいんです！

ワイン・スペクテーター誌の「世界のトップ１００ワイン」で８位に選ばれたワインを造るグレッグ・ブリュワー、「ワインの帝王」ロバート・パーカーが見出したポール・ラトーなど、綺羅星の如きカリフォルニア最高クラスのワインメーカーがイガイタカハのワインを手掛けているんです。これも杉本さん夫妻が続けてきたカリフォルニアワインを広める取り組みがつなぐ縁なのかしれませんね。

第11話

＊　＊　＊

「〝サイン・トゥ・ザ・ストーリー（Sign to the Story）〟スパークリング３２０９」は杉本さん夫妻の結婚35周年を記念して造られました。ふたりをつないだ３２０９という符号（サイン）から物語（ストーリー）がはじまり、結婚を経てS（Sonoda）からS（Sugimoto）へ。

ふたりのはじまりを、そして家族のはじまりを祝うワインとしてこれほどロマンチックなチョイスはないのでは？　シャトー・イガイタカハのワインに溶け込んだ絆の味わい、縁でつながる大切な人たちとともに――。

犯人はボルドー最高級「ペトリュス」に睡眠薬を入れた……絶許！

　ワインというどこか謎めいた雰囲気を持つ飲み物はミステリーと好相性。「名探偵ポアロ」シリーズ「ナイル殺人事件」（1978年）ではワインが印象的に使われます。

　ナイル川をクルーズする豪華客船で殺人事件が発生した翌日、ポアロと友人のレイス大佐が食事をするのですが、そこで大佐が給仕に持ってこさせたワインがなんと「ペトリュス」！　最高級クラスの伝説的ボルドーです。「昨夜のワイン（＝ペトリュス）の残りはカビが浮いていたから新しいボトルに取り替えた」と大佐。これに食通ポアロは「高級ワインは滓（おり）が浮くものなんだ」。でも実は大佐がカビと思ったものは睡眠薬でした。犯人は睡眠薬入りペトリュスでポアロを深く眠らせ、その隙に犯行に及んだわけ……って、この犯人、ワイン好きじゃないことは確定でしょ！　愛好家ならペトリュスを冒涜するような真似は絶対にできませんから！

　2022年のリメイク版「ナイル殺人事件」では、なぜか睡眠薬が入れられるのはペトリュスではなくシャンパンに変更されました。ペトリュス側からNGが出た？　シャンパンのほうが豪華客船のイメージにあうから？　ポアロ的にはどうせ眠らされるならペトリュスのほうが幸せな気もしますが……。

第3章

メロウな気分にひたる物語。

WINE IS MADE FROM GRAPES AND STORIES.

1980

第25話

天才マダム・ルロワと髙島屋

ワイン界の頂点に立つレジェンドと日本企業の意外なカンケイ

いま世界でもっとも高価なワインは？と聞かれたら、答えは「マダム・ルロワのミュジニー」か「ロマネ・コンティ」(第16話)で決まりです。近年はロマネ・コンティ一強の時代が終わり、ルロワのミュジニーが不動の1位となりつつあります。平均価格はなんと4万8千ドル(約700万円)！ わずか750ミリリットルの液体がですよ？

シャネルをまとってぶどう畑に立ち、稀代のテイスティング能力を武器に、生み出すワインは高嶺の花。齢90を超えてなお、ワイン界の頂点に気高く君臨するマダム・ルロワ。その超高級にして極上のワインを陰ながら支えたのが髙島屋だと聞くと、急に親近感が湧きませんか？

生まれたときからワインの申し子

ラルー・ビーズ・ルロワ。通称マダム・ルロワ。フランス・ブルゴーニュの伝説的な醸造家であり、3つの事業を展開する経営者でもあります。ネゴシアン(ワイン商)としてのメゾン・ルロワ(ルロワ社)、ルロワ社が所有するドメーヌ・ルロワ、そしてマダム個人が持つドメーヌ・ドーヴネ。[*1] 1868年創業の名門ネゴシアン、ルロワ社の後継者として1955年、マダム・ルロワは23歳で家業に加わりました。数々の伝説とともに語られる彼女の名を、ワイン愛好家の世界で知らない人はいません。

マダムは卓越したテイスティング能力の持ち主です。逸話にも事欠きません。生まれてすぐ父は彼女の唇をワインで濡らし、3歳でワインを口にした――試飲すれば産地、ヴィンテージ、醸造者も正確に当てた――ワインの品質を見抜く能力が極めて高く、後に「ブルゴーニュの神様」と呼ばれるアンリ・ジャイエなど、名だたる生産者からも多くのワインを買い付けていた――。彼女の手腕もあり、ルロワ社はブルゴーニュ随一のネゴシアンとしての地位を確立していきました。

マダム・ルロワを支えた日本企業

マダムには、世界最高級ワインのひとつ、ロマネ・コンティの生産者ドメーヌ・ド・ラ・ロマネ・コンティ（DRC）のオーナーとしての顔もありました。DRC社の共同経営者だった父アンリから継承したものです。アンリはコニャックの販売で富を築いた実業家で、DRC社の立て直しにも尽力した人物。マダムはどんだけ〝お酒のエリート一家〟に育ったんだという……。

ただ、完全に順風満帆に見えるワイン人生を送っていても何かは起きるもんです。1992年、マダムがDRC社から追放されるという騒動が起きました。きっかけはマダムがはじめた新たな挑戦でした。

1970年代ごろからブルゴーニュでは化学肥料や農薬の使用が常態化。マダムはその変化を敏感に感じ取っていました。買い付けたい品質のワインがない……。この状況を憂慮したマダムは自らワインを造ることを決意し、1988年、ルロワ社専用のぶどう畑を購入してドメーヌ・ルロワを設立することになったんです。

このときルロワ社を資金面で支えたのが髙島屋でした。マダムが目を付けたのは名ドメーヌ、シャルル・ノエラが所有していた特級畑です。その取得には巨額の投資が必要になります。そこで1972年よりルロワ社のワインを輸入し、ロマネ・コンティの日本総代理店でもあった髙島屋が、以前より保有していたルロワ社の株式を追加取得して資本参加を強め、ぶどう畑の取得を後押ししたんです。[*2]

ところが、この動きがマダムとDRC社の間に問題を引き起こすことに……。

マダム・ルロワが解任されて……

ルロワ社が購入した畑のなかにDRC社が所有する畑が含まれていました。

ブルゴーニュではひとつの畑を細かく分割し、区画ごとに所有者が分かれるケースが多くあります。ルロワ社が取得した畑のひとつ「ロマネ・サン・ヴィヴァン」はDRC社も一部の区画を所有する特級畑です。ということは、DRC社から見れば、「なんでうちの社長はわざわざライバル会社を立ち上げて競合商品を造るんだい？」って話になりますよね。当然ながら〝ルロワ社とDRC社が同じ畑から造るワイン〟は世間で比較対象になっちゃうでしょうし。

もともとぶどう畑の栽培方針を巡る意見対立など、さまざまなすれ違いが積み重なっていたこともあり、DRC社とマダムの関係は修復不能なものに。とうとう1992年、財政圧迫などの責任をとるかたちで、マダムはDRC社の共同経営者を解任されてしまいます。まぁ、仕方ないのかもしれませんね……。

さて、このマダム・ルロワ追放劇で最もあおりを食ったといわれているのが髙島屋です。ルロワ社がDRC社の販売代理店の座を失ったことで、ルロワ社と関係の深かった髙島屋も日本におけるロマネ・コンティの販売権を失ってしまったからです。圧倒的なブランド力を持つロマネ・コンティの喪失は、髙島屋の経営にとって大きな痛手だったはず。それでも髙島屋はこのとき、ルロワ社をパートナーとして支え、〝マダム・ルロワの造り方を信じる道〟を選びました。

高島屋がいま、世界最高峰ともいわれるマダム・ルロワのワインを扱っている背景には、苦労をともにしてきた信頼関係があるからではないでしょうか。

幻のワインを造るドメーヌ・ドーヴネ

その後、ドメーヌ・ルロワを舞台にマダム・ルロワは圧倒的な実力を示していきます。かつては農薬を使わないぶどう栽培を批判する声もありましたが、ロバート・パーカー[第10話]から満点の評価を受けるほどのワインを造り続けました。

稀代のテイスター、マダム・ルロワは、稀代の栽培家であり、醸造家でもあったんです。冒頭に紹介した超高級ワイン「ミュジニー」もドメーヌ・ルロワから生まれました。

そしていま、さらにマダム・ルロワを伝説たらしめているのがドメーヌ・ドーヴネの存在です。1998年にマダム・ルロワが作った、小さな個人ワイナリー。彼女の思想、信条すべてを表現す

マダム・ルロワのぶどう畑に立つ姿がとにかく凛として美しいんです。しかもシャネルが作業着……気高すぎますよねぇ

る場。ドメーヌ・ドーヴネが生み出すワインは常に最高評価が約束された極上の滴といえます。

この先、いくつのヴィンテージを残せるのでしょうか。ドメーヌ・ドーヴネは極めて少量しか造られないため、とんでもない価格となっています。庶民から見たらほぼ「幻のワイン」です。

いつの日か、僕の唇を一滴のドーヴネで湿らせる日を夢見て……。

＊＊＊

現実的な話、僕たち庶民がマダム・ルロワのワインに触れるなら、メゾン・ルロワのものがおすすめです。買い付けたワインとはいえ、伝説的テイスターの舌に適ったラインナップですからね。手の届く価格のものもあります。そして、手に入れたときには、すべての感覚を総動員して、マダム・ルロワのエッセンスを感じ取ってもらえればと思います。

＊1 メゾン・ルロワは、ネゴシアンとして、マダムの眼鏡にかなったワインを買い付けて販売します。ドメーヌ・ルロワは、ルロワ社が所有する畑のぶどうからワインを醸造して販売。ドメーヌ・ドーヴネは、マダム・ルロワが個人的に運営するワイナリー。ドメーヌとは、ブルゴーニュ地方を中心に使われる、栽培から醸造まで行なうワイン生産者を指す言葉です。 ＊2 髙島屋がメゾン・ルロワの出資比率を高めた際、フランスでは、日本企業がＤＲＣ社を買収しようとしていると大騒ぎに（事実無根ですが……）。

第26話

女王シャトー・マルゴー

ボルドー格付け1級「ワインの女王」は不死鳥の如くよみがえる

ボルドー格付け第2話の頂点に君臨する5つの1級シャトー。いわゆる「5大シャトー」のなかでも特に高い人気を誇るのがシャトー・マルゴーです。生み出す赤ワインはまさにエレガンスの極み。香水のような芳香を放ち、「ワインの女王」と称されます。

その味わいをあらわすかのようなシャトーもまた女王たるゆえん。建築から200年以上の歴史を持つマルゴーの邸館は、壮麗な外観から「メドックのベルサイユ」などとも呼ばれ、世界中から観光客が押し寄せます。

日本でもマルゴーは人気銘柄です。社会現象にもなった渡辺淳一の小説「失楽園」では、不倫の果てにマルゴーと青酸カリで心中するシーンが描かれました。「私の血はマルゴーでできている」と女王への愛を語った女優の故川島なお美

古典的で優美な姿を持つシャトー・マルゴー。ラベルに描かれた邸館をひと目見ようと世界中から愛好家が訪れています

さんのお別れ会では、遺影の近くに添えられたワインの1本がマルゴーだったそうです。かの文豪アーネスト・ヘミングウェイは、あまりにもマルゴーが好きすぎて、孫娘に「マーゴ」（マルゴーの英語読み）と名付けています。

世界中で愛され、祝福される超一流のワイン、シャトー・マルゴー。でも、その歴史は眩いばかりではありませんでした。実は栄光と同じくらい、凋落の物語も抱えているんです。

深い赤を生み出したシャトー・マルゴー

シャトー・マルゴーの起源は12世紀にまでさかのぼれますが、ワイナリーとしての本格的なスタートはレストナック家が所有していた16世紀の終わりから。そして18世紀には、現在のボルドーワインのスタイルを完成させたシャトー・オー・ブリオンと同様の力強く深みのある赤ワインを生み出しています。

いまでこそボルドーワインといえば、色が濃く、長く熟成できる赤ワインとして知られています。でも、昔は真逆。色は薄く赤く澄み、飲みやすいワインでした。当時ボルドーワインは主力市場のイギリスで「クラレット」と呼ばれていましたが、これはフランス語で明るい色合いを意味した「クレーレ」の英語なまりだったとか。それくらいボルドーワインの色は薄かったんです。でも、同じボルドーワインでもマルゴーはちょっと違っていました。

濃い赤で飲みごたえのあるマルゴーは、18世紀初頭の敏腕マネージャー、ベルロンによって製法が確立されました。ベルロンは、混在して植えられていた赤ワイン用と白ワイン用のぶどうを分離したり、ぶどうに付着する朝露が色を薄める要因と考えて夜明けの収穫を禁止したりと、深みのある赤ワインを造るための改革を推進。そうして生まれたマルゴー独自のスタイルは高い評価を獲得し、〝マルゴー推し〟の輪を広げていくことになります。

合衆国大統領がマイベストに

誰が〝マルゴー推し〟だったのか？　そのひとりが、第3代アメリカ合衆国大統領で熱狂的なワインコレクターだったトーマス・ジェファーソンです。ジェファーソンは在フランス公使時代にボルドーを訪問し、ワインマニアがやりがちな独自ランキングを作って、マルゴーを最高ランクに認定しています。イギリス初代首相のロバート・ウォルポールはマルゴーを3か月ごとに4樽、ボトル換算で1000本以上もリピ買いする常連客でした。……好きすぎて布教用にも買っていたのかも（その代金はいまも支払われていないのだとか）。

世界の上流階級にこよなく愛されていたシャトー・マルゴー。ジェファーソン番付の作成から約70年後、１８５５年のボルドー格付けで１級に認定されたのは当然の結果といえるでしょう。

女王がまさかの55点

さて、ここまではシャトー・マルゴーの栄光の歴史です。女王の歯車が狂いはじめたのは20世紀。経済的苦境と品質悪化の厳しい時代を迎えたんです。

フィロキセラの虫害や世界大戦などによる不況で高級ワインが売れなくなり、ボルドーの生産者は疲弊していきました。フランス革命以降、所有者が転々としていたマルゴーも同様です。１９５０年、新オーナーとなったネゴシアン（ワイン商）のジネステ家のもとで名門復活を目指して努力を重ねていきましたが、そのジネステ家も１９７０年代になると財政が悪化しはじめます。こうなると当然ながら、ワイン造りに投資する余裕なんてなくなってしまうわけです……。

財政の窮状と歩調をあわせるようにしてマルゴーは品質を落としていきます。１９７３年ヴィンテージに対する「ワインの帝王」ロバート・パーカーの評価はなん

第41話
第10話

と……55点！　あまりにも屈辱的な評価でした。パーカー基準では「ワインという飲み物にさえなっていればまず50点」なんですよ？　55点は上乗せ分ほぼゼロの最低評価なんです。1級シャトーの面目丸つぶれ。泣けてくるでしょ、こんなの。かつてシャトー・ラフィットとボルドー格付け1級の筆頭を競った輝かしい姿は見る影もなくなってしまったのです。

女王の米企業売却にフランス政府が待った！

さらに「ワインゲート事件」が追い打ちをかけました。ネゴシアンによるボルドーワインの変造というスキャンダルが明らかになったんです。ボルドーワインはその信用はもちろん、相場も地に落ち、多くのシャトーが在庫の山を抱えることに。膨大なストックを維持、管理していくには日々大変なお金がかかります。ジネステ家も、巻き込まれるように事件の影響を受けて資金繰りが苦しくなり、ついにはマルゴーを手放さざるを得ない状況となってしまったんです。

そうなるとすぐにでも買い手を見つけなければなりません。マルゴーに興味を示した企業のなかでも最も良い条件を出してきたのはアメリカの酒販会社でした。でも、フランス政府がこの話に待ったをかけます。

「アメリカ人にシャトー・マルゴーを売るということは、エッフェル塔やモナ・リザを売り渡すようなものだ」

フランス政府関係者が残した有名な言葉です。いまは苦境にあるとはいえ、マルゴーはフランスの文化であり誇りともいえる存在だったんですね。であれば気持ちはよ～くわかりますが、でもほら、マルゴーはもう虫の息ですから……。

新オーナーのもと女王復活へ

政府の横槍もあってなかなか決まらなかったシャトー・マルゴーの売却話ですが、1977年にようやく買い手が見つかります。新たなオーナーとなったのは、ギリシャ出身の実業家アンドレ・メンツェロプロスでした。

……いや、外国企業に売るのＮＧだったのでは⁇　いきなり数行前の話がひっくり返されていて、語っている僕ですら改めて驚きました。メンツェロプロス家はフランスで小売業を展開していたこともあって受け入れられたのかもしれませんが……。とにもかくにもマルゴー、命拾いしました。それにメンツェロプロスは本当に救世主になってくれたんですからね。

マルゴーは新オーナーのもと劇的に回復していきます。買収後すぐさまマルゴー再建プロジェクトが始動。著名な醸造学者エミール・ペイノーをコンサルタントに迎え、天才醸造家ポール・ポンタリエが参画。醸造設備を刷新してぶどう畑も改良する、といった改革を進めていったんです。新生マルゴーにとって気候の良い当たり年が続いたことも幸運でした。解き放たれるようにマルゴーは1級たる品質を回復させ、「ワインの女王」としての誇りも取り戻していったのです。

実はこの再建プロジェクト、女王復活に意欲を燃やした当主アンドレが、道半ばにして急死するという悲劇に見舞われていました。でも、気丈にもローラ夫人がその遺志を引き継ぎ、女王を今日の繁栄に導いてきたんです。アンドレが新生マルゴーの初ヴィンテージを味わえなかったのは残念ですが、現在もシャトー・マルゴーはメンツェロプロス家が所有し、すばらしいワインを造り続けています。

＊　＊　＊

2016年までシャトー・マルゴーの総支配人を務めたポール・ポンタリエは、シャトー・マルゴーの味わいをこう表現しました。

「ベルベットの手袋の中の鋼鉄の拳」

なめらかなベルベットのようなエレガンスの奥にある、鋼鉄のごとき強靭さ。それは凋落からの復活を果たしたシャトー・マルゴーの本質そのものなのです。

第27話

堕ちた名門とサントリー

日本企業にできるの？ 歴史と伝統の名門シャトー・ラグランジュ再生計画

大人気ドラマ「半沢直樹」。その第2シリーズ第9話にとある赤ワインが登場し、愛好家の間で大きな話題になったことがありました。そのワインの名は「シャトー・ラグランジュ」。なぜこのワインに界隈がざわついたのか？ 背景には没落寸前の名門シャトーと、その復活を成し遂げた日本企業の物語がありました。

地に落ちた名門シャトー・ラグランジュ

シャトー・ラグランジュ。1855年にナポレオン3世によって制定されたフランス・ボルドー格付けで、3級に認定された名門シャトーです。13世紀にはサン・ジュリアン地区における荘園としての記録が残され、シャトー・ラグランジュという名でも400年の歴史を持つ超古株。でも、そんな名門であっても苦しむことはあるんです。

第2話

20世紀半ば、シャトー・ラグランジュはまさに落ち目にありました。スペイン系のセンドーヤ家がオーナーだった時代です。

何があったのかというと、センドーヤ家の経済的苦境により、ワイン造りに投資する余裕がなくなっていたんです。この時代、20世紀前半の世界恐慌や二度の世界大戦を経てどこも疲弊していましたからね。特にセンドーヤ家は状況が厳しく、ワインの品質は著しく低下して、かつての誇りは見る影もなし。3級とは名ばかりで、実際のクオリティに対する評価は5級かそれ以下。[*1] もし格付けが見直されていたら、格付け剥奪レベルの凡庸なワインを造っていました。所有していた広大なぶどう畑は多くが切り売りされ、シャトー本館は廃墟同然。まさに没落寸前……。

そんな荒廃していたシャトー・ラグランジュに1983年、新オーナーがやってきます。サントリー。言わずと知れた日本の大手飲料メーカーです。

フランスの文化を日本企業が買えるのか？

サントリーは当時、ウイスキー以外の酒類ビジネスを模索していました。そこに持ち込まれたシャトー・ラグランジュの買収話。61しかないボルドー格付けシャトーの3級。名門中の名門です。そのオーナーになれるチャンスなど滅多にやってきません。渡りに船どころの話じゃないですよね。実はサントリー、10年ほど前にボルドーのシャトー・カイヤヴェ（クリュ・ブルジョワ[35話]）の買収話を地元の反発で断念したことがありました。捲土重来（けんどちょうらい）というわけではないでしょうけど、当然この話を進めることになったんです。

ただ、ボルドーの格付けシャトーは簡単には買収できません。フランス人にとって国の誇りともいえる存在が外国企業の手に渡ることへの拒絶反応、想像に難くないですよね。話がまとまりかけたところに介入してくるフランス政府も厄介でした。民間の買収案件なのに？　でもこれ、同様のケースが過去にもあったんです。

1970年代、格付け1級のシャトー・マルゴー[第26話]をアメリカ企業が買収しようとしてフランス政府が強く反対したことがありました。「シャトー・マルゴーを売るのはエッフェル塔を売るのと同じだ」。フランスにおける格付けシャトーは文化。それを外国企業が買うとなったら、政府介入レベルの一大事なんです。

となると、サントリーへの風当たりはさらに厳しくなる予感……。だって、当時のフランスから見たサントリーは〝ワイン後進国の聞いたこともない企業〟です。しかも、日本とフランスは深刻な貿易摩擦の問題を抱えている時期でした。反感を買うには完璧なタイミング。「日本人が金に物を言わせてフランスの宝を奪おうとしている！」

吹きやまない世間の逆風。でも一歩ずつ話を進めるしかありませんよね。サントリーは10年前の経験もいかし、地元の名士ひとりひとりに礼を尽くして信頼関係を築いていきました。地域への貢献や積極的な設備投資、雇用の維持などを条件に交渉を重ね、買収提案から3年が経過した1983年、ようやくフランス政府からシャトー・ラグランジュの買収が承認されることに。長い道のりだった……。

試されるサントリー

さて、サントリーにとって大変なのはむしろここから。地に落ちた名門シャトーの復活を託されたわけですからね。日本企業にできるの？　お手並み拝見とばかりに世界の注目が集まるプロジェクト。結論としては、もちろん〝できた〟わけですけど、それはサントリーが初手のチーム作りで正しい選択をしたからなんです。

サントリーは、自社の醸造技術だけで名門を復活させるのが難しいことは自覚していました。格付けシャトーの経営だって未知の世界。できればボルドーをよく知る重鎮に教えを乞いたいところ。そこでどうしても迎えたかった人物が、シャトー・ラグランジュと同じサン・ジュリアン村にある2級シャトー、シャトー・レオヴィル・ラス・カーズ第3話の当主ミシェル・ドロンでした。幸いなことにサントリーの熱意は実り、アドバイザーを引き受けてくれることになったんです。

そのドロンが、生産責任者としてスカウトしてきたのが、醸造学の権威エミール・ペイノー[*2]門下のマルセル・デュカス。社長に就任したデュカスは、サントリーの鈴田健二さんとの名コンビでシャトー・ラグランジュ復活の立役者となっていきます。その鈴田さんはボルドー大学で醸造学を修めた研究者です。新生シャトー・ラグランジュが地元ボルドーに受け入れられていったのも、連日ぶどう畑を見て回り、生産から販売までを担う鈴田さんの勤勉で実直な人柄があったからといわれています。

こうしてコアメンバーが固められた新生シャトー・ラグランジュは、ドロンの指導のもと、「日本企業だけではつかみきれないフランスワイン」の理解を深めながら、名門復活を目指すことになりました。

サントリーの名前は入れない

ワインボトルのラベルを巡るこんなエピソードがあります。

サントリーは当初、シャトー・ラグランジュのラベルに社名を入れたい意向を示しました。[*3] オーナー企業としては当然の権利ですよね。大金を出しているわけですし。でも、ドロンは反対します。「サントリーはフランスでは無名だから」。身も蓋もない意見！　ラベルに「Suntory」と入れたら、たとえそんな意図はなくても、シャトー・ラグランジュを日本製ワインとして売ろうとしていると、あらぬ誤解を受けるおそれがあるというんです。

もちろん、ドロンは目先のリスクだけの話をしたわけではありません。シャトー・ラグランジュが立派に復活を果たせば、サントリーの名は自然とフランス人に浸透するはず。ワインが時間を経て熟成するように、フランスにおけるサントリーに対する信用もじっくりと醸成していくべきだという考えでした。

格付けシャトーの威厳を取り戻す

シャトー・ラグランジュは活力を取り戻しはじめました。サントリーは約束どおり投資を惜しまず、品質重視のワイン造りを推進。ぶどう畑の鑑定や樹の植え替え、発酵槽の近代化といった設備投資や最先端技術の導入を進め、ワインの品質を徐々に改善していったんです。

こうした改革の途上で誕生した1984年ヴィンテージ。ラベルデ

ドラマ「半沢直樹」では一瞬のチラ映りでしたがマニアにはそれで十分。シンプルな白地ラベルに台形の屋根……はい、シャトー・ラグランジュです

ザインを現在のものに刷新した新生シャトー・ラグランジュは、厳選したぶどうのみから造られ、好評をもって迎えられました。そして、当主サントリーとしての実質的なファーストヴィンテージともいえる1985年物で、シャトー・ラグランジュは名門復活を世に示すことができたんです。それからは、植え替えたぶどう樹の成長とともに年々品質を高め、いまや3級を超えるクオリティとの評判を得るまでになっています。

もうシャトー・ラグランジュのオーナー企業に対する懐疑的な声は聞かれません。荒れ果てていた邸館も美しく修復され、ラグランジュはまさに名実ともに格付けシャトーにふさわしい威厳を取り戻しました。名門復興に尽力したサントリーに惜しみない賞賛が送られていることは言うまでもないでしょう。

荒廃した名門シャトーを立て直し、ボルドーの商習慣にも敬意を払った運営[*4]で地元との信頼関係を築き上げてきたサントリー。シャトー・ラグランジュのラベルには、いまもサントリーの名前は入っていません。

＊　＊　＊

冒頭の「半沢直樹」の話です。シャトー・ラグランジュが登場した理由は、番組スポンサーがサントリーだったから……といえば、これまた身も蓋もない話なのですが、スポンサーに気をつかっただけの話でもないと思うんです。

だって、東京中央銀行の中野渡頭取と企業再建のプロ乃原弁護士、大物ふたりが重厚なムードの店内で向き合うシーンには、格式や重みのあるワインが欲しいじゃないですか。ラグランジュはまさにあの空気に堪えられる存在でした。陰謀渦巻く世界に生きる男たちのテーブルに、栄華も凋落も味わったラグランジュが佇む(たたず)──なんとも思わせぶりな演出……！　どちらが栄光をつかみ、どちらが堕ちるのか？ラグランジュはそんな運命の分かれ道を示しているようでもありました。

だから、あのシャトー・ラグランジュ特有の邸館を描いたラベルがチラ映りした瞬間、『半沢直樹』のスタッフはわかってる！」と反応しちゃったんです。僕たちワインマニアは、名門復活ドラマとツボを押さえたワイン演出が大好物です。

＊1　ボルドー格付けの等級はともすると品質の差をあらわす基準のように思われがちですが、そうではありません。「1級と評価されてもいい2級(スーパーセカンド：第3話)」もあります。ただ、歴史的評価であるボルドー格付けが見直されることは(原則)ありません。なので、「格付け対象の61シャトーに選ばれているだけですごい」ってことは覚えておいてほしいと思います。　＊2　エミール・ペイノー自身もシャトー・ラグランジュの顧問を務め、ワインの品質向上に大きく貢献しています。　＊3　「シャトーラグランジュ物語」「ラグランジュ物語」制作プロジェクト・2013. p.91　＊4　ボルドーの商習慣では、シャトーはネゴシアンを通じてワインを販売するのがならわし。サントリーが日本でシャトー・ラグランジュを売ろうとしたら、ネゴシアンに売った“自分たちが造ったワイン”を改めて購入する必要があります。そういう伝統的な商習慣が守られないのでは？サントリーが進出してきたとき、ボルドーにはそんな不安もあったんですね。

第28話

庶民派ワインの生きる道

イタリアの超ロングセラー赤ワイン「キャンティ」はトラブルだらけ!?

イタリアの食卓を代表するワインといったら「キャンティ」でしょう。フィレンツェ周辺から南部の広い範囲で造られる庶民派赤ワインです。この歴史級ロングセラー品は、その人気ゆえにさまざまなトラブルに見舞われてきました。紆余曲折の成分をたっぷり含んだキャンティの物語。それはワインビジネスを守るために変化を重ねてきた物語でもあるんです。

キャンティは原産地呼称の元祖

古代より「ワインの大地」と称えられるほど、ぶどう栽培に最適な気候を持つ国イタリア。その大地を代表するぶどう品種「サンジョヴェーゼ」は、さながらイタリアの魂といったところ。特にトスカーナ州キャンティ地方のサンジョヴェーゼは高品質で知られ、そのぶどうが生み出すワイン、キャンティは何百年も前から大人気でした。

でも、同時に悩みのタネもありました。キャンティ地方以外の土地で造られた出自不明のキャンティが続出したんです。商売ルールのゆるい時代でしたからね。ワイン生産者は何世紀にもわたってブランドへの便乗行為に悩まされていました。

そんなブランド毀損問題に取り組み、大きな成果を上げた人物がトスカーナ大公コジモ3世です。コジモ3世は1716年、ワイン史上初となる「原産地呼称制度」を考案し、キャンティの生産地域の境界を設定したんです。「この地区で造ったワインしかキャンティを名乗ることはできませんよ」ということですね。いまでは当たり前となっているブランドを保護するための仕組みですが、実は、キャンティ騒動のおかげで生まれたものだったんです。*1

生産地域を取り決めたキャンティは次に、製法のルール化に取り組みます。といっても時はだいぶ過ぎて1870年のこと。統一後のイタリア第2代首相であるベッティーノ・リカーゾリ男爵が、キャンティ造りに使うぶどう品種のブレンド比率をルール化したんです。

「サンジョヴェーゼは熟成させないと飲みにくいから、別の品種も混ぜたほうがいい」。男爵は、キャンティ用ぶどうのブレンド比率を「サンジョヴェーゼ70%、カナイオーロ20%、マルヴァジア・デル・キャンティ10%」と定めます。この比率は「公式」を意味する「フォルムラ」と呼ばれて、定着していきました。

ところが後年、フォルムラで混ぜることを定めたマルヴァジア・デル・キャンティが問題になるんです。キャンティの渋みをやわらげ、より軽い味わいで飲みやすくするための白ぶどう。消費者が好む味を造るのに欠かせない要素でした。これが100年後に大問題になろうとは当時は知る由もなく……。

元祖キャンティは「クラシコ」を名乗りたい

20世紀に入るとキャンティは国境を越えた人気商品となっていました。そこでさらなる売上拡大を狙って1932年、キャンティ地区の境界を広げて増産することに。造れや売れやの大号令です。これにはキャンティ地区周辺の生産者が大歓喜！ 自分たちのワインもついにキャンティブランドに乗っかれるわけですから。

だけど、懸念もありますよね？ 新参者が造るキャンティはちゃんとキャンティの品質なの？って。でも当時は強気でした。キャンティと名がつけば売れちゃう好調ぶり。映画「ローマの休日」では庶民の暮らしを演出する小道具として使われるなど、キャンティはイタリアの家庭にすっかり定着していたんです。

さて、生産地域の拡大でビジネスも広がったキャンティですけど、やっぱりと言いますか、粗悪品が出回りはじめました。次第にキャンティの評判にも悪影響が……って、こうなることはこれまでの流れでわかっていましたよね⁉ この事態に怒り心頭だったのが、本来のキャンティ地区（旧地区）の生産者です。

わかります。何世紀にもわたって真面目にキャンティブランドを守り続けてきたのに、ぽっと出の粗悪キャンティと同じ扱いを受けるなんて……。

歴史ある旧地区のキャンティを新参者と一緒にするな！　「ガッロ・ネロ」と呼ばれる黒い雄鶏のシンボルで知られる、キャンティ・クラシコ協会は行動を起こしました。新旧キャンティを区別するルールの整備を求めた結果、１９６７年、キャンティが当時の最高格付けＤＯＣに認定されると同時に、旧地区で造るワインに限って「キャンティ・クラシコ」を名乗ることが可能になったんです。

ちなみに現在は、旧地区自体がキャンティ地区から分離。キャンティ・クラシコはひとつの独立したワインとして最高格付けＤＯＣＧに認定されています。

映画「ローマの休日」に登場したキャンティは、いまでは珍しい「フィアスコ」と呼ばれる丸みを帯びたボトル。藁で包まれた、古風でかわいらしいルックスが特徴です

白ぶどう、まだ混ぜなきゃダメ？

どこかを変えると別のどこかに不都合が生じるもんです。１９６７年にキャンティがＤＯＣに認定された際、１世紀前にリカーゾリ男爵が提唱したフォルムラも法制化されました。これが問題になります。フォルムラ基準だと、キャンティには白ぶどうを混ぜなきゃいけないのですが、それだと困る状況になっていたんです。

軽い赤ワインが好まれた男爵の時代とは違い、いまはニーズが多様化した時代。パワフルな味を好む消費者も多いし、熟成に自信を見せる生産者も増えてきました。だから、キャンティを薄める白ぶどうは混ぜたくない。けれど、法律が許さない。ブレンド比率を守らないとキャンティを名乗れないし……。そうなると出てくるんですよね。「キャンティを名乗れなくてもいいからサンジョヴェーゼ１００％で造ろう」という気概のある生産者が。最高格付けを捨ててでも自分のワインを追い求め出したんです。結果、より高く売れる高品質なワインも登場しはじめました。

たくましく変化するキャンティスタイル

こうした生産者の動きはキャンティの多様なスタイルを生み、法律もまたニーズに応えて変わっていきました。

キャンティもキャンティ・クラシコも、サンジョヴェーゼ100％で造ることが認められ、その後キャンティ・クラシコについては白ぶどうをブレンドすること自体が禁止になりました。長らく認められなかったフランス原産ぶどうなど国際品種のブレンドも許可されたり、より厳しい基準をクリアした最高級ライン「キャンティ・クラシコ・グラン・セレツィオーネ」も制定されたりしています。古い伝統を守りつつ大胆な変化もおそれない——それがキャンティなんです。

キャンティは自身を取り巻く状況に柔軟に対応しながら生き抜いてきました。ブランドを守るために原産地呼称制度を作ったし、商売のため品質のため、どんなときも現実と向き合ってきました。庶民派赤ワインは、たくましいんです！

＊＊＊

キャンティは日常のどんなシーンにも寄り添える懐の深さを持っています。たくさん存在するキャンティ生産者からチョイスに迷ったら、あのリカーゾリ男爵の子孫が運営するバローネ・リカーゾリのキャンティを選んでみてください！

＊1 ブランド便乗にはキャンティ以外の人気ワインも悩まされており、コジモ3世はカルミニャーノ、ポミーノ、ヴァル・ダルノ・ディ・ソプラも含めた4つのエリアで原産地呼称の規則を定めています。

第29話

大統領が選んだスパークリング

バラク・オバマが南アフリカのワインを祝杯に選んだワケ

２００８年11月4日、バラク・オバマがアメリカ合衆国大統領選挙に勝利した日。シカゴのグラント・パークで世界に向けて演説を行なう前、オバマはスパークリングワインで祝杯をあげました。なにも不思議なことはありませんよね。でも、そのセレクトが意外なものだったんです。

ワイン愛好家としても知られるオバマが選んだ銘柄は、定番の高級シャンパンでもなければ、自国アメリカ産のスパークリングワインでもない。南アフリカの生産者が造るスパークリングワイン「グラハム・ベック」でした。なぜ？　そこにはオバマとグラハム・ベック、両者の背景を知ることで見えてくる物語があるんです。

南アフリカは世界に誇るワインの銘醸地

南アフリカのワイン造りには３６０年以上の歴史があります。大航海時代、アフリカ大陸の最南端、喜望峰からインド洋へ抜ける航路が発見され、ワイン造りは一気に世界各地へ伝わりました。南アフリカもそのひとつ。１６５９年、この地で最初のワインが誕生したことが記録に残されています。その後、ヨーロッパの宗教的迫害を逃れ、フランス・ロワール地方から移住してきたユグノー派の人々によって新たなぶどうやワイン醸造技術が持ち込まれ、南アフリカのワイン産業は大きく発展していきました。質より量という時代も長く続いた南アフリカですが、いまやヨーロッパに劣らぬ世界有数のワインの銘醸地に成長しています。

グラハム・ベックはこうして生まれた

グラハム・ベックは南アフリカを代表するスパークリングワインです。

このワインを生み出したのは、グラハム・ベック・ワインズのオーナー、グラハム・ベック。大学を卒業後、炭鉱ビジネスで成功を収めた人物です。彼がワインビジネスに乗り出したきっかけは意外なものでした。

競馬好きだったベックは1983年、ロバートソン地域に農場を購入します。石灰岩を豊富に含む土壌が馬の飼育に適していたことが理由なのですが、実はこの特徴、シャンパンを生み出すフランス・シャンパーニュ地方の土壌とも似ていたんです。ビジネスの嗅覚鋭いベックはこう考えました。「この土地ならシャンパンに負けないスパークリングワインが造れるかも」

ベックはさっそく土地の詳細な調査を行ない、1990年にワイナリーを設立。醸造家としてピーター・フェレイラを招聘しました。フェレイラは本場シャンパーニュ地方で経験を積んだ腕利き。そのほとばしる情熱は、同業者をして「あいつの血は泡でできている」といわしめるほど。さらには「ミスター・バブルス」の異名もとるスパークリングワイン狂……いやスペシャリストでした。

そんなフェレイラの手腕から生み出されるスパークリングワインがおいしくないわけありませんよね。そうして彼が完成させたのが、シャンパンと同じぶどう品種、同じ製法を用いて造られたグラハム・ベックでした。1991年、このオーナーの名をとったスパークリングワインがデビューを果たすと、たちまち評判に！　本場シャンパーニュに劣らない完成度が話題を呼び、瞬く間に南アフリカを代表するスパークリングワインへと成長していったんです。フェレイラの腕がすごいのはもちろんですが、牧場として購入した土地にポテンシャルを感じてワイナリーを設立し、現場を優秀な醸造家に任せた経営者ベックの腕も大したもんですよね。

大航海時代にヨーロッパからワイン造りが伝わり、本場に比肩するスパークリングワインが生まれた——南アフリカにとって、グラハム・ベックの誕生は大きな意味を持つものなのではないでしょうか。1991年はアパルトヘイト撤廃に向けて社会が激しく揺れ動きはじめた時期でもありました。

ふたりの大統領に選ばれたワイン

1994年、南アフリカ初の黒人大統領となったネルソン・マンデラは、大統領就任式典の祝杯にグラハム・ベックを選びました。自国民が本場ヨーロッパに並ぶレベルのワインを造り出す——非常に誇らしい思いだったのでしょう。南アフリカの新たなスタートにふさわしいセレクトといえますよね。

バラク・オバマはアフリカにルーツを持つアメリカ初の黒人大統領です。マンデラを尊敬していたオバマが、大統領選勝利の祝杯を〝マンデラが選んだグラハム・ベック〟であげたことは必然でした。アメリカの代表である大統領が、南アメリカを代表するスパークリングワインを選んだ理由になにも不思議なことはなかったのです。

＊＊＊

グラハム・ベックは驚きの逸品です。香りも味わいも同等のクオリティを持つシャンパンと比べたら、お値段は3分の1ほどとハイコスパ！　正直な話、グラハム・ベックは人気が出すぎて買えなくなると困る〝あまり教えたくない銘柄〟でもあるんです……って紹介しちゃいました！　前からのファンのみなさん、すみません！

第30話

壁を乗り越えるアスリナ

南アフリカ初の黒人女性醸造家が生んだ国際的ワインブランド

南アフリカという国に対して、皆さんはどのような印象を持っているでしょうか。暑そう？　サバンナ？　喜望峰？　たぶんワインのイメージを真っ先に挙げる人は少ないはず。実は、南アフリカは世界でも有数のワイン生産国なんです。

この南アフリカで生まれ、世界的な成功を収めた「アスリナ」というワインがあります。醸造家は黒人女性です。南アフリカの事情を少しでも知っていたら、アスリナが持つ意味の大きさはご理解いただけるのではないでしょうか。

ワイン造りには適した国だけど……

ワイン用ぶどうの栽培に最適な気温は年平均10～16℃です。だとすると、暑そうなイメージの南アフリカでワインがたくさん造られていることを不思議に思うかもしれません。でも、南アフリカとワインはかなり相性がいいんです。

アフリカ大陸の最南端に位置し、南極から流れてくる冷たい海流の影響を受ける南アフリカは、特に南部の気温が低くなります。優れたぶどうを育てるには日照時間が長く、でも暑すぎない環境が最適です。それはまさに南アフリカの気候そのもの。だから南アフリカではおいしいワインが出来るわけですね。ただ、この国では誰もがワインを嗜む（たしなむ）わけではありませんでした。

南アフリカがかつて白人と黒人を分離するアパルトヘイト政策をとっていたことは多くの人が知るところでしょう。１９９４年、南アフリカ初の黒人大統領となったネルソン・マンデラによって完全撤廃されましたが、社会に根付いた人種間の格差はそう簡単に埋まるものではありません。ワイン文化もその一例です。

南アフリカにおけるワインは「白人が造る、白人の酒」。ワインを飲む文化も造る文化も白人がヨーロッパから持ち込みました。ワイン造りに必要となる土地の所有者はほとんどが白人です。この国で黒人がワインを造ろうとしたら……その壁がいかに高いものであるかは容易に想像できるかと思います。

アスリナを造ったのは黒人女性です。それはつまり、彼女の前にはもうひとつの壁があったことを意味します。性別の壁です。南アフリカに限らず、ワイン業界はずっと男性社会でした。いまでこそ多くの女性が活躍していますが、それでもまだワイン業界が男性中心であることは否定しきれないでしょう。

南アフリカはワイン造りにとても適した国です。ただし、人種と性別という壁を別にすれば——。そんな壁を前にしてなお、ワイン造りに挑んだ醸造家がいます。
ヌツィキ・ビエラ。南アフリカではじめて自らのワインブランドを築き上げた黒人女性醸造家です。

南アフリカ初の黒人女性醸造家として

1978年、南アフリカ東部のクワズール・ナタール州の貧しい村で生まれたヌツィキ・ビエラ。ワインとの出会いは大学入学がきっかけでした。ヌツィキが高いレベルの教育を受けることを望んだ祖母の期待に応え、航空会社の奨学金を獲得すると、ステレンボッシュ大学でワイン醸造を学びはじめます。それまではワインとは無縁の生活。勉強で人生を切り開こうと選んだ道がワインだったといいます。

大学では苦労が多くありました。周囲は白人だらけ。彼らが話すアフリカーンス語が理解できなかったため、まずは言葉を学ぶことからはじめる必要があったし、彼女に対する否定的な空気もありました。でも、ヌツィキはあきらめずに食らいつき、苦学のなかワインの魅力を理解していったんです。そして醸造学を修めてワイナリーに就職。ワインメーカーとしての人生を歩みはじめました。

転機が訪れたのは大学卒業からわずか2年後の2006年。ヌツィキがはじめて造ったワインが南アフリカの品評会「ミケランジェロ・インターナショナル・ワイン・アワード」で金賞を受賞したんです。2009年にはワイン造りの腕が認められて「ウーマン・ワインメーカー・オブ・ザ・イヤー」に。名門ワイナリーに生まれたわけでも英才教育を受けたわけでもない、ワイン業界では周縁的な存在だった黒人女性のヌツィキが認められる。彼女は徐々に自信を深めていきました。

愛する祖母アスリナの名をブランドに

2013年、キャリアを築いてきたヌツィキ・ビエラは、南アフリカの黒人女性として初となる自身のワインブランドを立ち上げます。ブランド名は「アスリナ」。ヌツィキが愛する祖母の名でした。母親が出稼ぎで不在がちな家庭に育ったヌツィキにとって、祖母アスリナは彼女の人生に大きな影響を与えた最愛の人。アスリナという名には大きな感謝と愛情が込められているんです。

ただ、アスリナの設立当初は、名声を高めつつあったヌツィキとはいえ苦戦しました。黒人女性醸造家という肩書が、白人男性中心の南アフリカのワイン市場でネガティブに捉えられた面もあったんですね。でも、世界はおいしいワインを造る才能を放っておくことはしないんです。やがてワイン・エンスージアスト誌やニューヨーク・タイムズ誌といった海外メディアの高評価を受けて欧米での人気が高まると、アスリナは南アフリカでも広く流通するように。もともとワイン造りの腕は一流。ワイン先進国からの評価をきっかけに、ヌツィキの名は一気に世界へと広まり、誰もが認める存在となっていったんです。いまやアスリナは日本でも多くの愛好家から支持される人気ワインブランドへと成長しています。

醸造家として確かな地位を築いたヌツィキ。南アフリカで若者の就労支援などの社会貢献活動に取り組んでいるのも、彼女のストーリーを知れば納得ですよね。

アスリナは差別を乗り越えたワインとも呼ばれます。でもけっして重い歴史を表現したワインではありません。軽やかな気分で楽しく味わってほしいと思います。

＊　＊　＊

僕がおすすめするアスリナのワインは「ウムササネ（赤）」。この風変わりな名は「アカシヤの木」を意味するズールー語で、ヌツィキの祖母アスリナのニックネームでもあります。おばあちゃんに対するヌツィキの想いを強く感じさせるワイン――ちょっと感傷に浸りたいときにもやさしく寄り添ってくれるはずです。

第31話

カウラの桜と日本兵

太平洋戦争の記憶に触れるオーストラリアワイン「サクラ・シラーズ」

「サクラ・シラーズ」。ラベルに描かれた美しい桜の花と「SAKURA」の文字。日本を連想させますが、実はオーストラリア産ワインです。でも、やっぱりこの桜、日本にまつわるものなのです。なぜ遠く離れたオーストラリアのワインに日本に関係する桜が？　その背景には「カウラ事件」と呼ばれる戦争の悲劇がありました。

「カウラ事件」とは？

太平洋戦争中、オーストラリア南東部カウラの捕虜収容所は１１０４名の日本人捕虜を収容していました。ジュネーヴ条約により、捕虜生活は日本人による自治があるていど容認され、食事や

ウインダウリ・エステートが造る「サクラ・シラーズ」。淡い色合いで描かれた桜のラベルが美しく、ギフトワインとしてもおすすめです

医療に困ることなく、麻雀や野球といった娯楽も楽しむことができる日々。そんな待遇を受けながらも大半の日本人捕虜が脱走を試み、多数の死傷者を出す惨事となったのがカウラ事件です。

日本人捕虜とオーストラリア人の間には埋まらない溝があったといいます。そのひとつが、捕虜に対する考え方の違いです。

オーストラリア人が捕虜を「国のために戦った勇敢な兵士」と捉えたのとは反対に、日本人は「捕虜になることは恥」だと捉えていました。これは当時の東條英機陸軍大臣による戦陣訓「生きて虜囚の辱めを受けず、死して罪過の汚名を残すこと勿れ」――すなわち「生きて捕虜になるくらいなら死を選べ」という考えが大きく影響しているとされています。オーストラリア人による配慮ある待遇は、かえって日本人捕虜にとっては受け入れがたいものだったのかもしれません。

１９４４年８月５日未明。突撃ラッパを合図に日本人捕虜がカウラ収容所から脱走する事件が発生しました。引き金は日本人捕虜の分離・移動命令だったといわれています。収容人数の限界のため、日本人捕虜の一部を別の収容所へ移送することになったのですが、「下士官と兵は一体である」という考えが浸透していた日本人捕虜たちは命令を受け入れられませんでした。

ろくな武器もないままの脱走です。逃げ切れる可能性はほとんどありません。ですが、捕虜にとってはそれでもかまいませんでした。逃げるためでなく、はじめから死を覚悟した脱走だったからです。この脱走劇により日本人捕虜230名以上が死亡。オーストラリア側も含め多数の死傷者を出す大惨事となりました。

当時オーストラリアの人々は日本人捕虜のとった行動が理解できませんでした。手厚い待遇を受けながら、なぜ死につながる脱走を選んだのか。日豪の文化の違い、戦時下の日本人のメンタリティと集団心理が悲劇を生んだといわれています。

戦没者を弔ってきたカウラ

戦後となった1964年、捕虜収容所の近くにカウラ日本人戦死者墓地が整備されました。事件発生当時、脱走で死亡した日本人捕虜らを手厚く埋葬し、戦後も墓地の手入れを続けていたカウラの人々。それを受けて日本政府は、戦争中にオーストラリアで亡くなった日本人全員のお墓をカウラに改葬することにしたのです。

かつての両国の分断を結ぶように、カウラはいま日豪交流の地となっています。1980年代には日本人捕虜の慰霊のための日本庭園が完成。日本人戦死者墓地と日本庭園を結ぶ全長5キロの「桜通り(Sakura Avenue)」も整備され、およそ2千本の桜が植えられました。平和を象徴する桜の並木道です。いま南半球のオーストラリアで桜の季節にあたる9月には日本庭園で桜祭りと慰霊祭が開かれています。

日豪をつなぐ桜を描いたワイン

このカウラの桜通りの桜をモチーフにしたワインが「サクラ・シラーズ(赤)」です。生産者はウインダウリ・エステートです。カウラ地区ではじめて成功したワイナリーです。オーナーのデイビッド・オデアが1959年、この地に農地を購入し、1980年代からぶどう栽培を開始。サクラ・シラーズは1999年に日本限定ラベルとしてリリースされ、いまも毎年造られています。

サクラ・シラーズのぶどう品種は「シラーズ」。原産地となるフランスのローヌ地方では「シラー」と呼ばれ、19世紀に持ち込まれたオーストラリアではシラーズと呼ばれるようになりました。現在ではオーストラリア全土で栽培されており、国を代表するぶどう品種となっています。

日本を象徴する桜を描いたボトルに詰められているのは、オーストラリアを象徴するシラーズで作られたワイン。サクラ・シラーズはまさに、日本とオーストラリアの架け橋であり、平和と相互理解の大切さを感じさせるワインなのです。

第32話

まごころを伝えるワインハート

最上よりも最愛？ ハートに込められた「ぶどう畑の王子」の心

「愛の3大赤ワイン」ってご存じですか？　検索しても出てきませんよ。僕が勝手に考えたものなので。恋人に想いを込めたプレゼントを贈りたいとき、この赤ワインなら間違いなし！ってやつです。金銀銅の3コースをご用意いたしました。

まずは金の高級ラインから。フランス・ブルゴーニュのシャンボール・ミュジニー村の一級畑「レ・ザムルーズ」で造られるワインです。言葉の意味は「恋人たち」。ベタにロマンチックすぎますかね？　漫画「神の雫」に登場して有名になりました。ただ、意味合いとしては申し分ないのですが、目玉が飛び出るほど高価なんですよね……。値段はぜんぜんロマンチックではなく、愛の本気度が試されるワインです。

お手頃価格なら銅のコース、フランス・ローヌ地方でジャン・ルイ・シャーヴが造る「モン・クール」でしょう。フランス語で「私の心」。淡く小さなハートマークのラベルが特徴です。さらりとおしゃれに想いを伝えたいときの賢いチョイスかと。1本3000円くらいですし。

さて、ここまでは前振りです。僕が考える「愛の3大赤ワイン」、大本命は銀のコース、「ぶどう畑の王子」が愛した「シャトー・カロン・セギュール」です！　モン・クールよりもっと一途な想いをぶつけるのにいちばん！　ギリ手が届くプライス！　まごころを伝えたいお客様のご要望にしっかりお応えできる銘酒なんです。

ハートマークを刻んだワイン

ボルドー格付け（第2話）の3級シャトー・カロン・セギュール。3級とはいえ、知名度や人気では1級レベルの重鎮シャトーです。カロン・セギュールの特徴はなんといっても、ラベルに大きく描かれたハートマークでしょう。ベタ中のベタですけど、インパクトは抜群。え？　いかにもギフト需要を狙って最近作られた商品に見える？　いやいやとんでもない！　そんな安っぽいハートじゃないんです。19世紀にはシャトーの石壁にも刻まれていた、１００年近い伝統を誇るシンボルなんです。カロン・セギュールのハートはそんじょそこらのハートとは年季が違うんですよ！

でも、なぜハートなのでしょうか。理由は〝ぶどう畑の王子の愛〟にありました。

超一流シャトーを抱える「ぶどう畑の王子」

ボルドーでもかなり古い歴史を持つシャトー・カロン・セギュール。12世紀にはすでにぶどうを栽培していた記録が残されています。ハートの元ネタになったのは、18世紀にオーナーだった大地主、ニコラ・アレクサンドル・ド・セギュール侯爵。名前から想像できるとおり、カロン・セギュールの名のもととなった御仁です。

実は侯爵、「ぶどう畑の王子」とも呼ばれる超資産家でした。なにせ一流シャトーのラフィットもラトゥールも所有していたんですからね。それだけでなく、20世紀に1級昇格を果たすムートンもその手中にありました。つまり、後世に「5大シャトー」と称えられる5つの名門のうち3つまでも所有していたことになるんです。もはやボルドーの盟主といえるレベル。これだけ多くのトップシャトーを持ち、広大なぶどう畑を抱えていたら、まぎれもなく「ぶどう畑の王子」ですよね。

第1話

でも王子が本当に愛したのは……

当時すでにラフィットやラトゥールの名声は世に轟いていました。もちろんカロン・セギュールよりも格上の存在です。当然、侯爵としては天下の名シャトーを所有していることを誇りに感じていたはずですよね。でも、侯爵が最も愛していたのはシャトー・カロン・セギュールだったんです。侯爵はこんな有名な言葉を残しています。

「私にはラフィットもラトゥールもあるが、私の心はカロンにある」

侯爵はなぜそこまでカロン・セギュールに想いを寄せていたのでしょうか。ラフィットやラトゥールのほうが素晴らしいワインを生み出すとされていたのに。

こんな説があります。侯爵の祖母ジャンヌ・ド・ガスクがセギュール家に嫁いできたときの持参金がシャトー・カロンでした。ジャンヌが夫ジャック・ド・セギュールとの間にもうけたふたりの息子はその後、ラフィットとラトゥールを入手し、セギュール家は隆盛を極めていきます。

ということは、セギュール家の栄光の礎となったのはカロンであり、祖母ジャンヌであった――そう考えることもできるわけですね。「私の心はカロンにある」という言葉は、そんなカロンに対する侯爵の敬意のあらわれなのではないでしょうか。敬愛する祖母への想いだったとも言えるかもしれません。

どんなにすばらしい宝に囲まれていても、本当に大切なものはひ

ちょっとふくよかなハートが描かれたシャトー・カロン・セギュールのラベル。最愛を伝えるワインにお選びください

とつだけ——カロン・セギュールのラベルに描かれたハート。それはカロンに対する侯爵の心をあらわしたものなのです。

自分の本当の気持ちを知る男、「ぶどう畑の王子」ことセギュール侯爵が造ったワイン。まさに〝まごころ〟を伝えるプレゼントとして、シャトー・カロン・セギュールほど適したものはないのでは？　ラフィットよりもラトゥールよりも、あなたでなければ——渾身の想いを込めた1本にぜひお選びください。

＊＊＊

ちょっとご予算のお話を。シャトー・カロン・セギュールは1本約2〜3万円。安くはないけど法外に高いわけではありません。でも、もうひと声！という方には、セカンドラベル「ル・マルキ・ド・カロン・セギュール」[*1]がおすすめです。まごころを伝えるハートもちゃんと描かれているのでご安心を！

＊1 シャトーの名を冠したワインをファーストラベル（ファーストライン）、それ以外の名をつけたワインをセカンドラベル（セカンドライン）などと呼びます。シャトー・カロン・セギュールの場合、シャトーを代表する、もっとも出来の良いワイン、いわゆるシャトー物を「シャトー・カロン・セギュール」、そのエッセンスを持つワインをセカンドラベル「ル・マルキ・ド・カロン・セギュール」として販売しています。

第33話

ワインを造る病院の競売会

ブルゴーニュ「栄光の3日間」の熱狂が最高潮に達する「オスピス・ド・ボーヌ」

フランスワインの2大産地のひとつブルゴーニュ。数多の銘酒を生み出すこの地は毎年11月、「栄光の3日間」で盛り上がります。世界中からワイン関係者や観光客が集まるブルゴーニュ最大の祭典です。

会期中のハイライトはイベントのコアとなる催し「オスピス・ド・ボーヌのオークション（競売会）」。160年以上も続く伝統のワインチャリティオークションです。実はこのイベント、ただのワイン好きのためだけのお祭りではありません。高級ワイン市場にとっても重要な意味を持っているんです。

はじまりはワインを造る慈善病院

オスピス・ド・ボーヌとは、もとは中世に建てられた慈善病院の名です。1443年、ブルゴーニュ公国の財務長官だったニコラ・ロランと妻のギゴーヌ・ド・サランによって設立され、貧しい人々に無料で医療を提供していました。*1

お金をとらない病院というだけでも珍しいのに、さらにユニークなのがその経営スタイル。この病院、なんとワインの売上で成り立っていたんです。ロラン夫妻は所有していたぶどう畑を自ら病院に寄進。そこで造ったワインを売って病院の運営資金にしていました。面白いことに、この夫妻の取り組みに共感する地主もあらわれ出し、こぞってぶどう畑が寄進されるようになると、いつしかオスピス・ド・ボーヌは良質なぶどう畑をたくさん抱えるワイナリーへと発展していったんです。

そんなオスピス・ド・ボーヌが造るワインですからね。当然品質は高いし、販路を開拓していくなかで購入希望者も増えてきました。それならばと、ワインを公開オークションで販売することになったんです。その第1回開催が1859年。以来、ブルゴーニュの伝統として21世紀のいまも続いているというわけなんですね。

ちなみに、オスピス・ド・ボーヌの病院としての機能は1970年代に近代的な施設に移されました。「オテル・ド・デュー（神の館）」とも呼ばれる美しい建築は、いまは多くの人が訪れる観光名所となっています。

オスピス・ド・ボーヌのオークション

オークションは毎年11月の第3日曜日に開催されるのがならわしです。この開催前後を含む3日間の呼び名が「栄光の3日間」。実に粋な呼称ですよね。

オスピス・ド・ボーヌのオークションがユニークなのは、ワインがボトルではなく樽単位で販売される点でしょう。出品されるワインは、オスピス・ド・ボーヌがその年に収穫したぶどうで仕込んだもの。樽熟成中の若く未完成のワインです。

競売にかけられるワインは多くが上物です。現在オスピス・ド・ボーヌが抱えるぶどう畑は約60ヘクタールまで拡大しており、その8割以上を特級畑と一級畑が占めるといわれています。[*2] そのためオークションの落札額は、その年のブルゴーニュ全体の高級ワインの価格に大きく影響するんです。世界中のワインバイヤーが「栄光の3日間」に釘付けになるという話も納得できますよね。

なお、かつてはネゴシアン(ワイン商)に限られていたオークションの参加資格ですが、いまでは一般バイヤーも参加できるようになり、ネット入札までサポートされています。こうした時代にあわせた運営スタイルは、世界的オークションハウスのクリスティーズによって導入されていきました(現在はサザビーズが運営)。

社会貢献の伝統は続く

オスピス・ド・ボーヌの売上は相当な規模になります。チャリティオークションという性格上、落札額はご祝儀相場的に少々高めになるようです。2024年のオークションでは赤・白ワイン計438樽が落札され、総額1450万ユーロ（約24億円）を記録しました（これでも前年から大幅減少）。そして、この収益が関連医療施設の運営費やオテル・デューの維持費などに使われるというわけなんです。実行委員会樽と呼ばれる「ひとつのワイン樽」を対象としたオークションもあり、その落札額は毎年異なる慈善団体の活動を支える資金となっています。

オスピス・ド・ボーヌは15世紀にはじまった慈善精神の伝統を失わず、オークションという形式を取り入れながら、いまなお社会に貢献し続けているんです。なんともイイ話じゃないですか。

自分の名前を刻んだオスピス・ド・ボーヌワイン？

オスピス・ド・ボーヌのユニークさは、落札者の名前がラベルに刻まれるという点にも見られます。競り落とした樽ワインはいったんブルゴーニュのネゴシアンに委託して2年近く熟成させた後、瓶詰めして出荷されます。このときラベルに落札者の名前が記載されるんです。これはうれしいことですよね。

ということは、僕たち一般人にもそのチャンスが？　でもそう簡単な話ではなさそうです。なにしろ落札は樽単位が基本。ざっくり計算すると、1樽あたりの落札額は約500万円、その量はボトル換算で約288本分です。なにその大金と本数！　成功した事業家や芸能人などのセレブが個人で落札した事例はあるけど、一般人が〝僕のネームが刻まれたオスピス・ド・ボーヌワイン〟を夢見るのはだいぶ厳しそうですよね……って、あきらめるのはまだ早い！　実はオークションに参加できなくても、オスピス・ド・ボーヌの落札ワインをネーム入りで販売するサービスが一部のインポーター（輸入業者）から提供されているんです。

僕もそうしたサービスを利用してオスピス・ド・ボーヌの落札ワインを注文することがあります。手元に届くのは注文してから2年後くらい。ネーム入りワインを待ちわびているうちにワインの評判が高まり、注文時より高値になることがあるのもおいしい点でしょう。先物買いで得したオスピス・ド・ボーヌワインの味は最高です！

（ここまでの高尚な話が台無し）

＊1 慈善病院の創始者と聞くと、ニコラ・ロランは善良な貴族という印象を受けますが、一方で、悪評の多い人物だったともいわれています。高い地位を濫用して私服を肥やし民衆を苦しめたとか。せめてもの罪滅ぼしに病院を建てたのか、それとも……。

＊2 オスピス・ド・ボーヌは多くの寄進されたぶどう畑から成り立っており、畑ごとに管理者が異なります。競売会では畑によって人気に差が出ますが、一番人気はやはりニコラ・ロラン夫妻の寄進畑のようです。

あの「シュヴァル・ブラン」を雑に飲み干すしぐさにあこがれる！

小説家志望でワインオタクの教師マイルスと、1週間後に結婚を控えた親友ジャックの中年男ふたり旅を描いたロードムービーの名作「サイドウェイ」（2004年）。舞台となるのはカリフォルニアワインの銘醸地サンタ・バーバラです。いくつものワインやワイナリーが実名で登場し、観ると飲みたくなること間違いなし！　本作のヒットにより、アメリカではそれまで人気がなかったピノ・ノワールというぶどう品種のワインが爆発的に売れるようになったとか。

ネタバレになりますが、びっくりしたのは終盤。別れても好きだった元妻が再婚していたことがわかり、自暴自棄になったマイルス。こともあろうに大切に保管していた超高級ワイン「シャトー・シュヴァル・ブラン」をファストフード店に持ち込み、ハンバーガー片手にコップでがぶ飲みしてしまうんです。思わず悲鳴を上げちゃいました。だってそのヴィンテージは余裕でウン十万円……もし僕がその場にいたら羽交い締めにしてでも止めてしまうかも。でも考えてみれば超高級ワインをチェーン店のハンバーガーにあわせて飲むなんて恐れ多い行為、ちょっとやってみたい気もしませんか？　ただ飲むより記憶に残りそうだし、案外晴れやかな気分になるかも!?

第4章
へぇ〜ってなる
アペな小話。
WINE IS
MADE FROM
GRAPES AND STORIES.
1980

第34話

ボルドーは未来を値付けする

高級ワインを先物取引する伝統の商習慣「プリムール」とは?

ボルドーに入ってはボルドーに従え。歴史ある土地の商いには伝統的な商習慣がつきもの。フランスの銘醸地ボルドーには「プリムール」と呼ばれる販売システム(しきたり?)があります。簡単に言えば、ワインの「先物取引」。未完成のワインを売買するんです。でも、どうやってワインの未来を値付けするのでしょうか。

毎年、世界中のバイヤーや評論家が注目するプリムールの世界。このユニークで独特な商習慣を知ると、ワインのお値段のフシギもちょっと理解できますよ。

シャトーの資金繰りを助けるプリムール

プリムールは〝樽で熟成中のワイン〟を売買するボルドー独自の販売システムです。瓶詰め前の未完成ワインを値付けするということですね。売買の対象は主に長期熟成が見込める高級赤ワインと一部の白ワイン。なぜそんなことをするのかというと、売り手(シャトー)と買い手の双方にメリットがあるからなんです。

ボルドーの赤ワインは渋みが強く、ワインを樽に移してから2年ほど熟成させる必要があります。樽で寝かせている間に強烈な渋味がなめらかになり、複雑な風味が与えられるんです。それから瓶詰めして出荷されていくわけですね。

でもちょっと待って。だとすると、樽熟成中の2年間はワインを販売できないってことですよね？　2024年に仕込んだワインがお金になるのは早くて2026年。そうしたら2025年のワイン造りの資金はどうなるのでしょうか。ワインビジネスには莫大なコストがかかります。大量の在庫を維持する費用が必要だし、樽の新調だ、ぶどう収穫の労働者の雇用だと常にお金が出ていく世界です。その経済的負担は有力シャトーにとっても重いものといえます。そこでシャトーの資金繰りを助ける仕組みとして導入されたのがプリムールなんです。

プリムールをシャトーの立場から説明すると、「樽熟成中のワインを市場に出荷する2年前に販売して、早く資金を回収できるシステム」です。でも、どうやって未完成ワインの売り値を決めるのでしょうか？　この先どんな味わいに熟成していくのかわからないのに。

未来のワインをいくらで売る？

その〝未完成ワインの売り値〟を決定する場が、「プリムール・テイスティング・

ウィーク」と呼ばれるイベントです。開催は毎年4月ごろ。バイヤーや評論家が世界中からボルドーに集まり、各シャトーが連日盛大な試飲会を開きます。参加者はそこで前年収穫のぶどうで造った樽熟成中の若いワインを評価するんです。将来どんな味わいになるのか？　期間中は参加者からさまざまなシャトーの評価が発信されていきます。こうして連日みんなで飲んだくれた結果が、樽ワインの販売価格を左右することになるんです。これがプリムールの面白い点ですね。

各シャトーはイベント終了後、テイスターたちの評価も踏まえ、樽ワインの販売価格を総合的に判断して決定します。この価格をもとにネゴシアン（ワイン商）と取引が成立すると代金がシャトーに支払われ、翌年以降のワインを生み出す資金となっていくというわけですね。

プリムールで高級ワインを安く仕入れる

では、プリムールの買い手（ネゴシアン）にはどんなメリットがあるのでしょうか。だって、その樽ワイン、2年間はお金にならないんですよね？　けど、それでいいんです。なぜなら、プリムールで取引されるような高級ワインは基本的に値上がりするから。

ボルドーの高級ワインは長期熟成で味わいを深めていきます。つまり年を重ねるほどにおいしくなり、市場価値も高まっていくということ。1982年物のシャトー・ペトリュスの市場価格はなんとプリムールの10倍に。近年では2015年物のシャトー・マルゴーが3倍になった例もあります。もちろんプリムールの評判ほどには熟成に至らなかったり、景気の悪化で価値が下がったりして損をすることもあります。それでも、基本的には格付けクラスの高級ワインが暴落することは考えにくいので、買い手はそれなりの利益が計算できるようになっているんです。

そんなわけで、シャトーは資金回収を早められ、買い手はボルドーの高級ワインを安く仕入れられる――プリムールはよくできた販売システムなんです。

超一流シャトーがプリムールを見限る？

うまく機能しているように見えるプリムールにも異変が生じています。プリムールの取引量はボルドー全体のごく一部で、格付けシャトーが中心です。その大ボスともいえる、「5大シャトー」[第2話]の一角シャトー・ラトゥールが2012年、プリムールからの脱退を発表したんです。

これによってラトゥールは、バイヤー判断だったワインの出荷タイミングをシャトー判断に変更しました。「飲みごろは我々が判断する」というわけ。この変化のあらわれとして、2017年ヴィンテージは2024年に出荷されました。2年どころではなく7年も寝かせて大丈夫？……なんて心配は巨大資本のラトゥールには無用でしょう。消費者的にも、シャトー側で飲みごろを見極めて出荷してくれたほうが安心ではありますよね（個人で見極めるのは難しいし）。

一方で離脱の本当の理由は、プリムールの投機熱の高まりで、ボルドーワインの価格が高騰することを危惧したためという説もあるようです。

プリムール離脱がラトゥールの良心によるものかはわかりません。でも、すでに僕ら庶民にとってボルドーの高級ワインは、手を必死に伸ばしてギリ届くかもわからない――そんな価格になっていることは確かです。本当に手の届かない存在になっちゃう前に、プリムールがうまく機能してくれるとうれしいんですけどね。

＊＊＊

プリムール期間中、ワイン愛好家は評論家の点数やコメントに釘付けになります。評価が急上昇したワインがあれば「あそこは醸造長が替わったしな！」と情報通を気取ったり、辛口評価を目にしたら「そのぶん安くなりそう」とワイン資金の確保に奔走したり。プリムール談義が楽しくなってきたらもう立派なワインマニアです！

第35話

庶民派ワインブランディングの苦悩

ボルドーのコスパワイン格付け「クリュ・ブルジョワ」はどこへゆく？

ボルドーワインを選ぶなら、「ボルドー格付け」(第2話)という基準があります。でも、格付け61シャトーのワインなんてだいたいが高級品。庶民派の赤ワインを選ぶなら、「クリュ・ブルジョワ」という基準が役立ちます。フランス・ボルドーの〝お墨付きのコスパワイン〟といったところでしょうか。ただ、このクリュ・ブルジョワを巡ってはなにかと騒動が起きているんです。

そうだ、自分たちでブランドを作ろう

クリュ・ブルジョワのはじまりは1932年。ボルドー商工会議所とジロンド農業会議所がクリュ・ブルジョワという格付けを設け、444のシャトーを認定して3つのランクに分類したんです。1855年のボルドー格付けに漏れた生産者にとって、裕福な中産階級を示す「ブルジョワ」を冠したブランドを作ることは長年の願いでもありました。絶大なブランド力を持つボルドー格付けに見直しが期待できない以上、「だったら自分たちでブランドを作ろう」と考えるのは自然な流れですよね。

ボルドー格付けに対抗する狙いもあったんです。ただ、せっかく作った格付け制度も、10年ほどで認定シャトーの3分の1が消えてしまって形骸化。みんなが夢見た〝クリュ・ブルジョワブランド〟を確立できないまま時間は過ぎていきました。

序列は決めないほうが平和的？

試行錯誤を繰り返すクリュ・ブルジョワが迷走しはじめたのは2003年。この年、長らく〝私的団体による格付け〟扱いだったクリュ・ブルジョワが、ようやくフランス政府公認のものとなり、新生クリュ・ブルジョワとしてスタートすることになったのですが、そこで深刻な問題が生じたのです。

何が起きたのかというと、格付け認定を求めて申し込みのあった490シャトーのうち、約半数が認められないという事態が発生したんです。1932年以来ずっと認定されていたシャトーが外されたケースもありました。当然、漏れたシャトーは猛反発しますよね。格付けの審査人にシャトーのオーナーやネゴシアン（ワイン商）などの利害関係者が含まれていたことも問題視されました。

この件は訴訟問題に発展し、2003年の格付けを無効とする判決が下されます。せっかく公的な格付け制度となったのに、またイチからやり直しに……！

そこで次に考案されたのが「認証制度」でした。もう条件を満たしたシャトーはすべてクリュ・ブルジョワの認証を与えちゃえばいいのでは？　ランクで差はつけない横並び。このうえなく平和な制度。みんなハッピー。誰も文句ないはず！

……思い切りフラグを立ててしまいましたが、案の定、認証制度もうまくいかなかったんです。世間にアピールしにくいブランドになってしまったことが原因でした。わからない話でもないですよね。僕ら消費者としても「格付けシャトー」と聞くとブランドを感じるけど、「認証シャトー」だと曖昧な印象でピンとこないし。

それにやっぱり不満が出たんです。格付けの撤廃は、もともと格付け上位だったシャトーからすれば納得いかなかったでしょう。認証制度の導入は、新生クリュ・ブルジョワから有力なシャトーが次々と抜けるという危機を招いてしまいました。

みんなが納得する格付けって難しい

格付けに苦しむクリュ・ブルジョワ、やっぱりブランド力をつけなきゃ！ってことで、ランクによる格付け制度を復活させることになりました。右往左往……。ちょっと心配ですけど、こんどは失敗できませんよね。

2020年に発表された格付けは、2003年と同じく3つの等級で構成されたものでした。最上級から「クリュ・ブルジョワ・エクセプショネル」「クリュ・ブルジョワ・シュペリウール」「クリュ・ブルジョワ」。まずは2020年に販売される2018年ヴィンテージを対象とし、14シャトーを最高ランクに認定。過去の失敗をいかして、格付け審査は利害関係者を排除した独立機関が担当し、5年ごとに格付けが見直されるということまでルール化されました。うん、悪くないのでは？

でもやっぱり最適解までの道のりは長そうです。2022年発表の格付けでは、知名度のある有力シャトーが参加していませんでしたし、相変わらず審査結果に不満で脱退するシャトーも出てくるし……。根強い不信感、残っちゃってますね。

いまの時代、みんなが納得する格付けを作るなんて無理ゲーなのかも。異議を唱えて状況が変わるなら、そりゃ次々に声を上げるでしょう。そう考えると、「一度決めたら変えない、異論は認めない」を徹底してきた〝不変のボルドー格付け〟は、いろいろと言われるけど、実によくできた制度なのかもしれませんね。

＊＊＊

改善努力がなかなか報われないとはいえ、クリュ・ブルジョワで格付けされているシャトーの実力は本物。ボルドーの安くておいしい赤ワインを飲みたいなら、「CRU BOURGEOIS（クリュ・ブルジョワ）」の表示がある銘柄を選べば間違いありませんよ！

第36話

サンテミリオンは胃が痛い

〝もうひとつのボルドー格付け〟は公平だからこそ不満もいっぱい？

ワインビジネスにとって〝格付け〟ほど強力な武器はありません。その証拠に「ボルドー格付け」(第2話)はフランス・ボルドーのワイン生産者に多大な恩恵をもたらし……って、うん？　それってほとんどメドック地区から選ばれたわずかなシャトーの特権ですよね？　うちもメドックに負けないワインを造っているんですけど？そんな声が聞こえてきそうなのがサンテミリオン地区。ここで〝もうひとつのボルドー格付け〟が生まれました。「サンテミリオン格付け」です。

意外と民主的な仕組みを持つサンテミリオン格付け。ただ、そのせいで何かと揺らぎ続けてもいるんです。そこからは格付け作りの苦労が偲ばれて……。

サンテミリオンは公平な格付け制度？

サンテミリオン。中世から変わらぬ美しい景観が世界遺産に登録された、名前の響きすらも美しい街。ワインの銘醸地でもあります。ボルドー地方を流れるドルドーニュ川の右岸に位置し、ボルドー格付けのシャトーが集まるジロンド川左岸のメドック地区とは対になる存在。ワイン愛好家から「右岸」と呼ばれるサンテミリオンで独自の格付けが作られたのは1955年のこと。1855年に「左岸」でボルドー格付けが作られてからちょうど100年目のことでした。

サンテミリオン格付けは、ボルドー格付けとは大きく異なる特徴を持っています。それは〝10年ごとに格付けが見直される〟点。最上位ランクから「第一特別級A」「第一特別級B」「特別級」に分けられた3等級の格付けが、定期的に変更されるようになっているんです。

不変のボルドー（メドック）と可変のサンテミリオン。いや〜考えましたよね。いろいろノーチャンスのボルドー格付けとは違い、がんばってワインの品質を高めれば、いずれは格付けシャトーに選ばれたり昇格したりするチャンスがあるわけですから。公平で民主的って感じ。でも、この目玉の〝格付け見直し制度〟が原因で、なにかとトラブルが起きているんです。

降格シャトーも昇格シャトーもご不満！

最初の大きなトラブルは2006年、5回目となる格付け見直しで発生しました。降格の憂き目にあった11のシャトーが激怒し、格付け審査機関INAO（国立原産地名称研究所）を相手に訴訟を起こしたんです。「公正な評価とは思えない！」って。気持ちはわかります。シャトーにとっては死活問題ですからね。格付けがワインの価格に及ぼす影響の大きさは、ボルドー格付けが証明しているとおり。はい、そうですかと降格を受け入れるわけにはいかないんです。結果、シャトー側の訴えが認められ、２００６年の格付け見直しは無効に。ＩＮＡＯからは１９９６年の格付けを復活させるという妥協案が提示されました。

でも、お次はこの措置に激怒するシャトーが出てきたんです。２００６年の格付け見直しで昇格を果たしたシャトーたちです。そりゃそうでしょう。昇格をよろこんでいたら、「やっぱりあの昇格はなかったことに」なんて言われて納得できるわけありませんよね。

さすがに何かしらフォローしないとまずいよな……ということで、ファイナル妥協案が示されます。「２００６年の昇格はそのままで！」。降格は無効だけど昇格は有効になる、という究極の妥協案。グダグダ。民主的だったはずの見直し制度がむしろ混乱をもたらしてしまったとは、なんとも皮肉な話です。

あまりよろしくない裁きで、なんとか騒ぎをおさめたかのように見えたサンテミリオン格付けですが、残念ながら苦悩はまだまだ続きます。こんどは格付けの存在意義を根底から揺るがしかねない事件が勃発したんです！

権威ある2大シャトーが……

２０２１年、サンテミリオン格付けの頂点に君臨するシャトー・シュヴァル・ブランとシャトー・オーゾンヌが離脱を発表しました。ある意味〝サンテミリオン格付けを権威付けていた〟２大巨頭ですよ？　なにこの社長が夜逃げしちゃったような不安感……残された社員たちはどうしたら⁉

でも、どうして2大シャトーは格付け離脱なんて重い決断に至ったのでしょうか。大きな原因となったのは、格付けの審査方法でした。

15ヴィンテージの試飲やテロワール

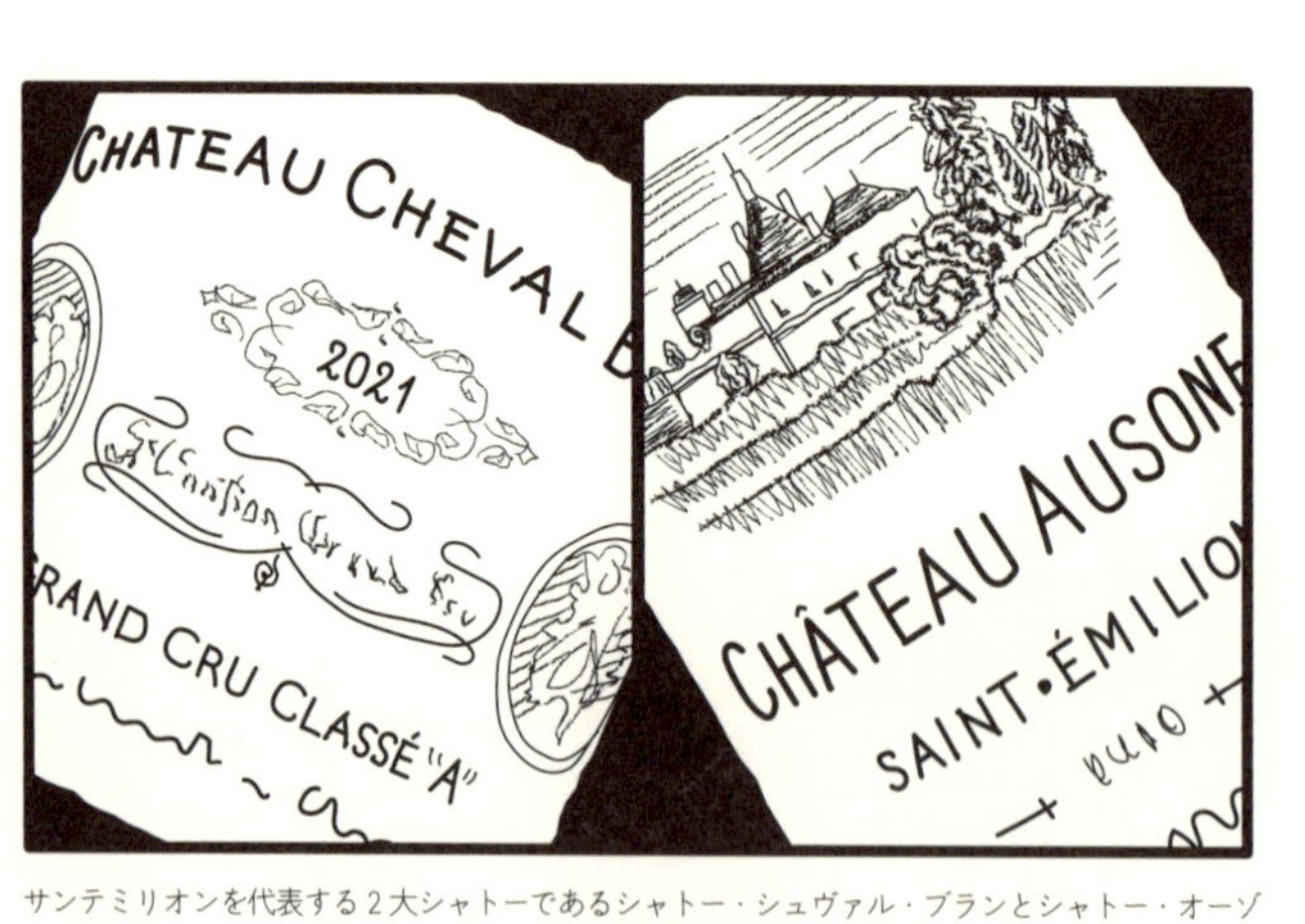

サンテミリオンを代表する２大シャトーであるシャトー・シュヴァル・ブランとシャトー・オーゾンヌ。「５大シャトー」に匹敵する評価を持つ両者を一気に失った格付けはだいぶ魅力が薄れ……？

（ぶどう畑を取り巻く自然環境）といった審査項目はわかります。しかし、国内外での評判やSNSでのプロモーション活動、ワイン観光への貢献度なども格付けの判断材料とされていたんです。それってワインの中身とは関係ありませんよね？　２大シャトーは、ワインがちゃんと評価される制度になっていないと不満を持っていたんです。

サンテミリオン格付けはこのさきどうなっていくんだろう……という不安が漂っていたところにまたもトラブルが発生します。

第一特別級A、つまりトップランカーのシャトー・アンジェリュスが２０２２年の格付け申請を取り下げると言い出したんです。いったい何がどうした⁉　アンジェリュスの共同オーナーだったユベール・ド・ブアールが、自身がコンサルタントを務める別のシャトーの昇格に関与した容疑で、有罪判決を受けたためでした。

これを受けて、２０２１年時点で４つあった第一特別級Aシャトーが一瞬にしてひとつだけに減ってしまいました。２大シャトーは審査基準に不満を表明して脱退しちゃったし、もうひとつは不祥事で消える……これってサンテミリオン格付け存続の危機なのでは⁉　新たにシャトー・フィジャックが第一特別級Aに昇格することで、ひとまず2トップの体制とはなりましたが、愛好家としては、めでたいって気持ちよりも戸惑いのほうが大きくて……。

サンテミリオンの苦悩は続く

さて、シャトー・シュヴァル・ブランとシャトー・オーゾンヌは最上級の格付けを自ら放棄したわけですが、正直な話、もともと長い歴史を持ち、世界的評価を確立している2大シャトーにとってはノーダメージでしょう。

これは憶測なのですが、さかのぼること2012年の格付け見直しに関して、2大シャトーは思うところがあったのではないでしょうか。指定席だった第一特別級Aに、新たにふたつのシャトーが昇格したことで、格付けトップの価値が薄れることを危惧したとか……。2大シャトーにとってはむしろ、サンテミリオン格付けの迷走に付き合うほうがマイナスだったのかもしれません。

とはいえ、サンテミリオンの多くのシャトーにとって、格付けは商業的に非常に大きな意味を持ちます。今後も格付けを巡ってはさまざまな問題が起きるはず。格付けを見直す仕組み自体はとても良いことですし、より良い格付けを目指して関係者の〝胃の痛む〟努力は続くことでしょう。ワインマニアとしては、これからもシャトーの思惑渦巻くサンテミリオン格付けから目が離せません。

第37話

ワイン帝国ＬＶＭＨ

今夜も世界のどこかで帝国製シャンパンが音を立て続ける

ワインは好きだけど詳しくない人やワインに興味を持ったばかりという人と一緒に飲むとき、鉄板でウケる話があります。

「モエ・エ・シャンドンって実はルイ・ヴィトンが持っているブランドなんですよ」

これでほぼ１００％、「へえ〜！」という反応が返ってくるんです。

たしかに不思議な感じがしますよね。どうしてあの誰もが知っている超有名ファッションブランドのルイ・ヴィトンがシャンパン、それも世界で最も有名ともいえるモエ・エ・シャンドンを売っているのか。業界に詳しくなければよくわからない組み合わせです。

モエ・エ・シャンドンの年間生産量は２４００万本（２００万ケース）以上！　なんと1秒に1本ほどのモエが誕生しています。ワイン帝国が〝モエ尽きる〟日なんてやってこなそうですねぇ

そんな両ブランドを持つ企業の名は「LVMH モエ・ヘネシー・ルイ・ヴィトン」。略称は「LVMH」。犬も歩けばLVMHに当たるのがワイン業界です。そんなワイン帝国の小話をお届けしましょう。

あのシャンパンもこのシャンパンも、ぜんぶ？

フランス・パリを拠点とするLVMHは高級ブランドの超巨大グループ。ファッション業界の支配者といった存在です。ルイ・ヴィトンを中核にディオール、ジバンシー、フェンディ、ロエベ、ブルガリ、ティファニー、タグ・ホイヤー、ウブロ……枚挙にいとまがないほど、あらゆる分野の高級ブランドを傘下に収めています。

じゃあ、LVMHはワイン業界ではどんな存在なの？というと、やっぱり支配的な存在です。特にシャンパンブランドでは一大帝国を築いています。毎夜、世界の繁華街で音を立てるシャンパンの大半はLVMHの手先なんです（言い方）。

モエ・エ・シャンドン[第16話]を筆頭に、「ドンペリ」の通称で知られる高級シャンパン、ドン・ペリニヨン[第19話]、モエ級のメジャーブランドであるヴーヴ・クリコ、世界最古のメゾンが造るルイナール、そして超高級ラインのクリュッグもLVMH。しかも、こういったシャンパンだけにとどまりません。シャトー・シュヴァル・ブラン[第36話]にシャトー・ディケムに……もはやワイン全般にまたがる帝国を築きつつあるんです！

ワイン業界の高級ブランドを次々と買収

ＬＶＭＨは創業時からワイン帝国だったわけではありません。ＬＶＭＨ自体の設立はわりと最近の１９８７年。モエ・エ・シャンドンやドンペリを造るモエ・ヘネシーと、ルイ・ヴィトンという歴史級ブランドが合併して誕生した企業なんです。

シャンパンとファッション。ジャンルは違えど、そこは両分野のトップブランドどうし。戦略に抜かりはありません。特に上流階級へのマーケティングが重要なシャンパンにとって、ラグジュアリーな高級ファッションブランドは間違いなくシナジー効果が見込める相手ですよね。セレブが集まる華やかなパーティーに高級シャンパンはつきものですし。ただ、合併当初はあまりうまくいっておらず、ある人物の登場によってＬＶＭＨの快進撃がはじまることになるんです。

ベルナール・アルノー。ワイン帝国ＬＶＭＨを築いた男。２０２４年の資産総額はなんと約35兆円、世界長者番付1位の実業家です。アルノーはクリスチャン・ディオールを率いていた１９８９年、内部対立を経てＬＶＭＨの経営権を掌握すると、世界的なブランドを次々と買収していきました。

旺盛な事業意欲を持つアルノー。ファッション業界はもとより、ワイン業界にも積極的に手を伸ばしていきます。ターゲットはやはり高級ブランドばかり。フランス・ボルドー右岸のトップシャトーであるシャトー・シュヴァル・ブラン、「シャンパンの帝王」とも呼ばれるクリュッグ、さらには世界最高峰の貴腐ワインとされるシャトー・ディケムまでも買収。いまや高名なワインに触れようとするならＬＶＭＨの関わるワインを避けて通れない状況となっているんです。

まさにワインの世界を飲み込まんばかりの勢いのハイブランド皇帝アルノーですが、実はライバルがいます。グッチやイヴ・サンローランをはじめ、多数の高級ブランドを傘下に抱えるケリングのＣＥＯフワンソワ・ピノーです。

高級ワインの奪い合いでどうなる？

ピノーもまた、アルノーに負けず劣らずワイン帝国を築きつつあります。ボルドー格付け1級のシャトー・ラトゥール、シャンパンの名門アンリオ、ブルゴーニュでは老舗ドメーヌのブシャールや特級畑「クロ・ド・タール」——これらを自身の投資会社アルテミスを通じて買収しているんです。

いまやワインの世界はファッション界の帝王たちがブランドを奪い合う戦場に

……と言ったら大げさですけど、今後も帝国の手が伸びてくることは間違いありません。

２０１４年、業界を驚かせた買収劇がありました。ブルゴーニュの特級畑「クロ・デ・ランブレイ」を所有する歴史あるワイナリー、ドメーヌ・デ・ランブレイをＬＶＭＨが入手したんです。買収金額は約１億ユーロ（約１４３億円）！　当時の相場を大きく超えるものでした。

ＬＶＭＨなどファッション業界の巨大資本の参入は、ワインの世界を変えてしまうのでしょうか。愛好家としては期待半分、不安半分といったところです。

たとえば、ただでさえ上昇傾向にあるブルゴーニュの地価が、巨大資本の参入によってさらに高騰する可能性などが懸念されます。地価の上昇によって相続税の負担が重くなり、家族経営のワイン農家が畑を継承できなくなる――そんな話も珍しくありません。巨額投資を回収するためワインが値上げされることだってありえますしね。ブルゴーニュワインの世界的な需要拡大にともない、どの懸念もだいぶリアルになってきたような気がしています。

ワインブランドの高額買収の話にはワクワクもしますが、一方でブルゴーニュのようなワイン産地の牧歌的な雰囲気も守られてほしいと切に願っています。

第38話

〝ニュージーランド推し〟で正解！

短期間で躍進した新世界ニュージーランドのワイン戦略

ワイン道を歩みはじめたばかりの人から〝おいしいワイン〟について聞かれることがよくあります。そんなときの僕の答えはこれ。

「ニュージーランド産のソーヴィニヨン・ブランをぜひ試してみて！」

白ワインですね。ソーヴィニヨン・ブランとは白ぶどうの品種のこと。世界中で栽培されている人気者です。

ぶどうは同じ品種でも産地によって味わいが違ってくるのですが、ニュージーランド産ソーヴィニヨン・ブランはものすご〜くキャッチーでわかりやすいおいしさを持っているんです。トロピカルフルーツみたいなみずみずしい果実感に、草原を吹き抜ける風を思わせる清涼感がプラスされた感じ。しかも、だいたいがお手ごろプライスで、パキッとひねれば開けられるスクリューキャップ仕様なのもポイント。味よし、価格よし、親切設計の高コスパ白ワイン。ニュージーランド産ソーヴィニヨン・ブラン以上にワイン入門に適したものはないのでは？

そんな良質なワインを造り出せるのも、合理的で思い切りがいいニュージーランドという国の特性が関係しているんです。

「強くてニューゲーム」のワイン造り

ワインの世界では「新世界」と呼ばれるニュージーランド。19世紀にぶどうが持ち込まれてから200年ほどの歴史は持っていますが、実は世界屈指のワイン国家として台頭してきたのは1980年代から。短期間でワイン産業を急拡大させた、ちょっと変わりダネのワイン産地なんです。

南太平洋に位置するニュージーランドは、北島と南島のふたつの主要な島から構成される島国。温暖ながらも1日の寒暖差が大きく、比較的冷涼といえる気候です。この地に合うぶどう品種として長らく主力となっていたのがミュラー・トゥルガウ。このぶどうから造る白ワインはあまり人気がなく、安価でしか売れませんでした。これじゃワイン産業は伸びていきませんよね。

状況が変わったのは1980年代。シャルドネやソーヴィニヨン・ブランなど「国際品種」と呼ばれる白ぶどうの人気が世界的に高まってきた時期です。「どうやら国際品種のほうが儲かるみたいだぞ」。1986年、ニュージーランド政府は「抜根政策」を打ち出します。競争力の高い国際品種へ植え替えるよう、ワイン生産者をプッシュしたんです。補助金付きで。するとミュラー・トゥルガウは次々と引っこ抜かれ、急速に国際品種が栽培されるようになっていきました。当時人口320万人ほどの国ですし、とにかく小回りがきくのもニュージーランドの特徴です。

造り手たちはその後、それまでメイン産地だった北島だけでなく、南島にも進出します。だいじょうぶ？　南島は寒すぎてぶどうが育たないと思われてきましたけど……なんて心配は無用でした。なぜならこの国は猛烈なスピードでワイン造りの技術を向上させていたから。世界のワイン大国が膨大な時間をかけて蓄積したノウハウを吸収していたため、国際品種にシフトチェンジしてもちゃんと栽培できたんです。これぞ後発の強み！　え？「強くてニューゲーム」みたいでずるい？　全然そんなことないですよ。先人にならうのは常道でしょう。

ニュージーランドの強みを出せるぶどう品種は？

国際品種を植えまくったニュージーランド。2001年ごろまでにはシャルドネが生産量トップの座に君臨していました。でも21世紀のいま、主力のぶどう品種はソーヴィニヨン・ブランなんです。あれ？　シャルドネはどうしたの？

こんな事情がありました。クラウディー ベイというワイナリーが造った1985

年産ソーヴィニヨン・ブランが、イギリス市場で高く評価されて大ヒットしたんです。理由は、「トロピカルフルーツのような風味と清涼感を持ち合わせた独特の香り」がウケたから。これ、他のワイン産地で栽培されるソーヴィニヨン・ブランにはない個性だったんです。クラウディー ベイの登場はワイン産地としてのニュージーランドの評判を劇的に高めることになります。

こうなったら「ニュージーランドでしか表現できないソーヴィニヨン・ブランの味わい」という強みをいかすほかないですよね。シャルドネも悪くはないんです。けど、国際市場ではライバルが多い品種。〝ニュージーランドならでは〟という強みがなかなか持てないのが悩みとなっていました。でもソーヴィニヨン・ブランならニュージーランドブランドとして世界で勝負できる！ きっと売れる！

ソーヴィニヨン・ブランに全集中

決めたら行動が早いのがニュージーランドです。１９９０年代以降、国際市場へ進出する環境が整いはじめると、ソーヴィニヨン・ブランへの植え替えが急速に進みました。いまやぶどう栽培総面積の約６割を占め、かつ輸出ワインの９割近くを占めるまでの主力品種に成長しています。徹底ぶりがすごい！ しかもニュージーランドのワイン産業はいまだ発展の途上。国際トレンドを貪欲に吸収して変化し続けているんです。ニュージーランドが短期間で世界屈指のワイン国家へとのし上がった背景にはこんな事情があったんですね。

この品種と決めたら中途半端なことはせず、一気に植え替える。消費者には買ったらすぐに飲んでもらいたい。ならば、初心者が開けづらいコルク栓よりも、簡単に開けられるスクリューキャップしかないでしょ。趣はコルクに劣っても風味の保存性には問題ないし。合理的なニュージーランドなら当然の選択ですよね。いまニュージーランドワインの99%はスクリューキャップ仕様となっています。

こういう合理的な変わり身の早さと徹底した仕事ぶりを知るだけで、僕はそのワインを好きになっちゃうんです。

＊＊＊

ところで、ニュージーランド産ソーヴィニヨン・ブランの魅力を世界に広めたワイナリー、クラウディー ベイですが、その後、2003年にLVMH（第37話）に買収されました。ワイン帝国が認める品質ということは、かなりの高級ワイン?と思うかもしれませんが、わりとお手ごろ価格で入手できます。〝はじめてのニュージーランド産ソーヴィニヨン・ブラン〟にいかがでしょうか。

第39話

外交とワイン

サミットで国家元首たちは何を飲む？ ワインリストに込められた意味

サミット（主要国首脳会議）が開催されると、世界は首脳たちが話し合った内容に注目します。でも、僕たちワインマニアには興味のないことです（極端）。食事会でどんなワインが振る舞われたのか？ そこに注目するんです！ といっても、国家元首たちが飲み食いする映像からワインの銘柄を特定して楽しむわけじゃありません。サミットで提供されたワインのリストは一般に公開されますからね。

かつて王侯貴族の社交の場にワインが欠かせなかったように、現代でも外交とワインは切っても切れない関係にあります。そこに並ぶワインが面白いのは、単なる高級銘柄ばかりではないということ。国際舞台で選ばれるワインには必ず〝意味〟が込められているんです。

イタリアが選んだサミットワイン

サミットで提供される料理は「ホスト国や地域をアピールする」目的で選ばれます。当然、ワインもそう。そのセレクトが納得できるものかどうかに、マニアたちは注目しているんです(もちろんマニアを納得させる必要なんてないわけですが)。

2024年にイタリアで開催されたG7サミットのワインは、これ以上ないラインナップでした。各国首脳に贈られたワインは、イタリアを代表する最高級スプマンテ(スパークリングワインのこと)「ジュリオ フェッラーリ リゼルヴァ デル フォンダトーレ」。食事会で提供されたのは、開催地プーリア州のウルトラプレミアムワイン「エス(赤)」、そして「イタリアの至宝」とも呼ばれる元祖スーパータスカン「サッシカイア(赤)」第7話。この選定……申し分ないですね！　ワイン大国イタリアの威信だけでなく、開催地のアピールもしっかりできています。

ワインマニアも思わずニンマリ。合格です！(エラそうに)

日本の地元代表ワインたち

日本開催ならどんなワインが選ばれるのでしょうか。ワイン大国の首脳たちにも自信をもって提供できる高品質な銘柄は誕生しているものの、世界での知名度はいまひとつ。サミットは国内外にその存在をアピールする絶好の機会ともいえます。

2023年開催のG7広島サミットの地元枠ではこんなワインが選ばれました。

日本固有のぶどう品種「マスカット・ベーリーA」と「小公子」を使った広島三次ワイ

ナリーのフラッグシップ「TOMOÉ小公子マスカット・ベーリーA（赤）」、山野峡大田ワイナリーからは「富士の夢（赤）」と「北天の雫（白）」をチョイス。さらに2021年に設立されたばかりのワイナリー、ヴィノーブルヴィンヤード＆ワイナリーが造る「セミヨン スパークリング」も提供されました。老舗から若手まで、地元広島ワイナリーの幅広さをしっかりアピールできたワインリストといえるでしょう。

遊び心が見られた2019年のG20大阪サミットも好きですね。だって「たこシャン」を選んできたんですよ？　コンセプトは「たこ焼きに合うスパークリングワイン」。コミック感のあるネーミングだけど、地元カタシモワイナリーが造るれっきとした銘酒。このセンス、各国要人にもちゃんと伝わっているとよいのですが。

もちろん広島と大阪、どちらのサミットでも、スタンダードかつ堅実なラインナップとして、日本ワインの歴史そのものといえるシャトー・メルシャンやサントリーなどの実力派ワイナリーがしっかりと脇を固めています。そこに開催地の個性が加わることで、日本ワインの多様性を示す意欲的なワインリストとなっているんです。

マクロン大統領が中国に贈ったワイン

マニア的には首脳会談などに登場するワインも好物です。地元アピールの狙いも強いサミットの選定とは異なり、おもてなしや歓迎の意思が強く込められます。

フランスのマクロン大統領が2019年に中国を訪問したときの話です。大統領が習国家主席に贈ったワインは、「ロマネ・コンティ」の1978年ヴィンテージでした。最高級ワインのロマネ・コンティ、確かに世界のVIPをもてなすだけの格式はあります。でも、それだけじゃ2大国家のボスが酌み交わす理由としては物足りません。値段で選ぶほうが安っぽい話ですしね。

注目すべきはヴィンテージに込められた物語。どうして1978年物だったのか？それは中国にとって歴史的な転換点となった年だからです。

文化大革命後の中国が改革開放路線をとり、経済発展を遂げる起点となったのが1978年でした。と同時に、ロマネ・コンティの出来が良かった収穫年でもあります。フランスが誇るワインの到達点を示しつつ、中国の威光も讃える――首脳ふたりが酌み交わした1978年ロマネ・コンティには、両国にとって特別な意味が込められていたんです。これぞフランスお得意のワイン外交といったチョイスでした。

USA流のおもてなし

ワイン愛好家としても知られるオバマ元大統領のセレクトも粋でした。2015年、日本の安倍首相（当時）を招いた公式晩餐会で振る舞われたワインは、カリフォルニアのワイナリー、フリーマンの「涼風シャルドネ（白）」。実はこのワインの生産者は日本人のアキコ・フリーマンさん。日米の架け橋を演出した心憎い演出ですよね。

自国のワインを大事にしながら、相手国ゲストとのつながりも深める粋なチョイス。それがアメリカのワイン外交なんです。２０１４年にホワイトハウスで開催されたアフリカサミットでは各国首脳に、アフリカ系アメリカ人であるマック・マクドナルドがオーナーを務めるヴィジョン・セラーズのワインが振る舞われました。２０１８年に訪米したマクロン大統領との会食に供されたワインは、ブルゴーニュの生産者ジョゼフ・ドルーアンが米国内に設立したワイナリー、ドメーヌ・ドルーアンのものでした。こういう心づかい、誰だってうれしくなりますよね。

＊＊＊

外交の場に出てくるワインのチョイスには必ず意味があります。そんな視点でニュースを見てみると、新たな発見があって楽しいものです。皆さんも贈り物ワインを選ぶときはぜひ遊び心を持って〝意味〟を込めてみてください（強引でもいいので！）。

第40話

甲州ぶどう伝説

日本を代表するぶどう品種「甲州」、はるかシルクロードを旅して――

世界中さまざまな国や地域で栽培されているぶどう品種を「国際品種」といいます。対してその土地特有のぶどう品種を「固有品種」と呼びます。実は日本にも独自のぶどう品種があるんです。

その筆頭格が「甲州」。名前のとおり、山梨県を中心に多く栽培されている日本固有の白ぶどう品種ですね。日本で最も古くから栽培されてきたぶどうともいわれているのですが、実際のところ「甲州の過去」については伝説が語られるばかりでした。ところが最近になって甲州のルーツが科学的に解明されたんです。

甲州ぶどうの栽培はいつはじまった？

ワイン用ぶどうは皮が厚く種が多いため、生食には向いていません。でも、甲州は食べてもおいしいんです！　なにせ、もとは生食用として栽培されていた品種ですからね。いまも甲州はワイン用と生食用の両方に利用されています。

甲州を使ったワイン造りは１８７０（明治３）年ごろから山梨県ではじまりました。

甲州ワインはすっきりとした味わいでアルコール度数が低く、特に日本食に合わせやすいのが特徴です。近年では世界的な評価を受ける機会も増え、日本ワインの顔として定着しているわけですが、出自についてはよくわかっていませんでした。

甲州はどこから来たのか、いつから栽培されていたのか。その発祥をめぐってはさまざまな説が語り継がれています。

とくに有名なのが「行基説」と「雨宮勘解由説」でしょう。勝沼に伝わるふたつの伝説はだいぶバリエーションも多いのですが、簡単に説明するとこんな感じです。

奈良時代の高僧行基が修行中、夢枕にぶどうを手にした薬師如来があらわれて法薬たるぶどうの栽培を勧め、それが甲州ぶどうとなって広まった――この行基説をとるなら、約1300年も前から甲州が栽培されていたことになります。

もうひとつが雨宮勘解由説。平安時代末期、雨宮勘解由という人物が城の平（勝沼）で見たことのない植物を発見。持ち帰って育ててみたら甲州ぶどうがなった――なるほど、甲州の栽培は約800年前にさかのぼれるというわけです。

……正直どちらも日本昔ばなし感がありますよね。実際のところ、甲府エリアでは江戸時代より前に甲州を栽培していた記録は残っていないそうです*1。

そもそも甲州はいったいどこから島国日本にやってきたのでしょうか？　ぶどう

の原産地は西アジアか北アメリカ。伝説ではまるで甲州が〝降って湧いた〟かのようにも語られますが、そんなわけはないですよね。こうなったらもう科学の出番。甲州のルーツを徹底的に暴いてやる！ということで調査が行なわれた結果、2013年、長らく謎に包まれてきた甲州のルーツがついに明らかになったんです。

甲州の故郷はシルクロードの向こう

伝説的に語られてきた甲州ぶどうの起源を解明したのは、酒類総合研究所の後藤奈美博士。甲州のDNAを解析して、そのルーツを探り出すことに成功しました。分析の結果、甲州の遺伝子にはヨーロッパ系ぶどうが7割、東アジアの野生種が3割含まれていることがわかったんです。

この研究結果から甲州の来歴はこう推測されます。生まれは黒海とカスピ海にはさまれた、ヨーロッパ系品種の故郷であるコーカサス地方。そこから悠大な時間の流れとともにシルクロードを越え、中国で東アジア系品種と交わり、そして極東の島国日本へとたどり着いた——。甲州は時を旅してきたようなぶどうだったんです。

では、甲州はどうやって海を渡ってきたのでしょうか。交易を通じて人為的に持ち込まれたのかもしれませんし、渡り鳥によって運ばれた種子が甲府山中でひっそりと育っていたのかもしれません。もしそうなら誰が見つけたのでしょう？　伝説の行基説をもとに妄想を働かせるなら、実は薬師如来は甲州の自生地を教えるために行基の夢枕にあらわれて、その栽培方法も伝授した——なんてことも考えられたりして。

こうして歴史ロマンに想いを馳せると、甲州ワインがさらに味わい深いものになっていく気がしませんか？　妄想もワインをおいしくする大事なエッセンスなんです。

＊　＊　＊

実はいま甲州はドイツでも栽培されています。〝ドイツ生まれの甲州ワイン〟が誕生しているんです。[＊2]これって、ある意味、里帰りといえるのかも。コーカサスからはるか長い旅路の果てに日本へたどり着いた甲州が、再び故郷へ帰還して評価される——甲州ぶどうの壮大なストーリーは新たな展開を迎えているのです。

＊1 甲府エリアにおける甲州ぶどうの栽培を示す最初の史料は、1836（天保7）年の「山宮村葡萄故障有無御糺書付控」だそうです。　**＊2** ドイツで造られる甲州ワインは「ラインガウ甲州」。ラインガウは白ワインの銘醸地で、栽培面積のほとんどを白ぶどう品種「リースリング」が占めています。そこで造られるラインガウ甲州は以前は日本向け商品でしたが、いまではヨーロッパでも販売されています。

第41話

ワインは一度、滅びかけている

人類はまだぶどう樹を襲った〝フィロキセラの厄災〟を克服していない

みなさんがいま飲んでいるワイン、実は滅びかけたことがあると言ったら信じますか？

いやいや、そんなバカな！と思われるかもしれません。でも、誇張ではなく本当です。ワインは長い歴史のなかで一度、全滅の危機に陥っているんです。それも戦争や気候変動などが原因ではなく、体長1ミリにも満たない小さな虫のせいで――。

滅びの兆候

ワインに滅びの兆候があらわれたのは16世紀。場所は北アメリカ大陸の東南、いまのフロリダ付近。ヨーロッパ諸国によるアメリカ大陸の植民地化が進むなか、フランス人入植者が持ち込んだワイン用のぶどう樹に異変が起きました。どれもうまく育たず、枯死（こし）してしまったんです。

でも、原因はわからずじまい。このときは結局、「どうやらヨーロッパのぶどうはアメリカの土壌には合わないようだ」とあきらめることに。仕方なく、入植者たちはアメリカ原産のぶどう品種でワインを造ることにしたのでした。

アメリカから来た小さくて大きな厄災

時は経ち、1863年。アメリカ大陸から遠く離れたフランス南部のワイン産地、コート・デュ・ローヌで異常事態が発生しました。

とあるワイン商が、アメリカから輸入したぶどうの苗木を植えたところ、周囲のぶどう樹が枯れてしまったんです。この謎の現象は、まるで疫病のようにフランス全土に広がっていきました。ブルゴーニュ、ボルドー、シャンパーニュ……名だたる銘醸地でも同じ症状が発生し、銘酒を生み出してきたぶどう樹たちが次々と枯死。フランスのぶどう畑がほぼ全滅するという悪夢のような事態となったんです。

枯れゆくぶどう樹を前にして、なすすべもなく時は過ぎていき、枯死の原因が判明したのは異常発生から10年後。元凶は「フィロキセラ」という極小の虫でした。

フィロキセラは北アメリカ原産のアブラムシの一種。体長は1ミリほど。ぶどう樹の根に取り付いて樹液を吸い、樹を少しずつ弱らせ、数年かけて枯死させるという厄介な害虫でした。しかも成虫になると翅(はね)が生えて飛び回るため、被害地域はフランスにとどまらず、ヨーロッパ全土に拡大してしまったのです。

ここで思い出されるのが、16世紀にアメリカ大陸で起きた〝フランス産ぶどう樹謎の枯死事件〟です。あれこそフィロキセラによるものでした。このアメリカ土着の害虫が、19世紀半ばになってヨーロッパに持ち込まれてしまったんです。

当時、蒸気船の登場によって航続距離が伸び、航海時間は大幅に短縮されていました。まだ国際的な検疫制度が確立されていない時代でもあったため、貿易船にまぎれ込んだフィロキセラにとっては世界移動のフリーパス状態。活動エリアを拡大するのに好都合な条件がそろっていたんです。

ぶどう樹の枯死はフィロキセラが原因だということはわかりました。でも、どうすればいいの？　有効な手立てがまったく見つからなかったんですよね。フィロキセラはぶどう樹の根に寄生するため、薬剤の散布も効きません。

手をこまねいているうちに被害は拡がり続け、フランスのワイン生産量はなんとフィロキセラ発生以前の3分の1にまで激減してしまいました。政府がフィロキセラ駆

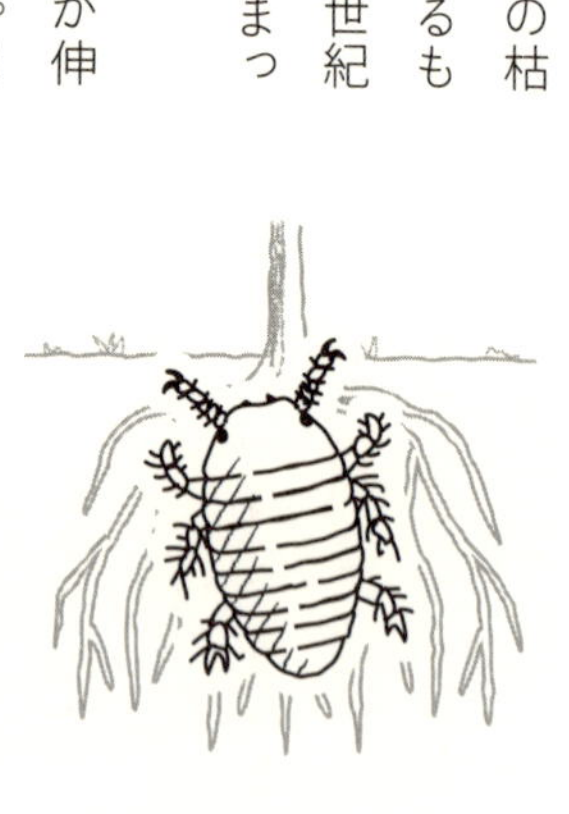

ワイン用ぶどう樹の天敵フィロキセラは体長わずか1mmほどの小さな虫。いまだ世界の銘醸地を脅かしています

除に懸賞金をかけるも事態は収まる気配なし。ワイン生産者をあざ笑うかのようにフィロキセラは世界を侵食し続け、ドイツ、スペイン、イタリア、ニュージーランド……そして日本にも上陸したんです。

ワインの終末時計が頂点に達するのはもはや時間の問題。世界中のワイン生産者が祈りを捧げるほかないような状況のなか、19世紀末になってようやくフィロキセラ対策に光明が見えてきました。

フランス政府のアメリカ現地調査によって、「アメリカ原産のぶどう品種はフィロキセラの被害に遭っていない」という事実が確認されたんです。

接ぎ木でフィロキセラ対策

かつてフランスからアメリカに入植した人々は、ヨーロッパ原産のぶどう品種がうまく育たなかったため、アメリカ原産品種に切り替えていました。それはつまり、アメリカ品種がフィロキセラ耐性を持っているということ。となれば話は早い。ヨーロッパ中のぶどう樹を根こそぎアメリカ品種に植え替えてしまえば万事解決なのでは？と思いますよね。でも、話はそう単純には済まないんです。

アメリカ品種では、どうしてもヨーロッパ品種のような香りや味わいが出ないという問題があったんです。それにヨーロッパのワインは、産地とぶどう品種が強く結び付いてブランド化されています。伝統ある品種をアメリカ品種に切り替えることは、ヨーロッパの生産者には受け入れがたかったに違いありません。

そこで考え出された解決策が「接ぎ木（つぎき）」でした。アメリカ品種を台木として使用し、その上にヨーロッパ品種のぶどう樹をつなげる技術です。フィロキセラはぶどう樹の根に寄生する虫ですから、根の部分だけでもフィロキセラ耐性を持っていれば、上の部分が枯れることはないというわけです。へ〜、そんなことができるんですね！

もうフィロキセラ以前には戻れない

この接ぎ木による対策が……うまくいったんです！　フィロキセラの被害に遭っていた各地でアメリカ品種を台木にした接ぎ木が進み、無事にぶどうを栽培できる環境が整備完了。ついに世界はワイン滅亡の危機から救われました！　めでたしめでたし！　……でも、疑問も残りますよね？　接ぎ木したらぶどうの味って以前とは変わっちゃうんじゃないの？　だって、〝アメリカとヨーロッパのハイブリッドぶどう樹〟なんでしょ？

確かに接ぎ木によって風味が変わったと主張する人はいます。でも、科学的には接ぎ木してもワインの風味に影響はないとされているんです。いま確かなことは、世界に現存するぶどう樹の大半は接ぎ木を施したものであり、「接ぎ木したぶどうから造るワインこそが現在のワイン」だということ。実際のところ、フィロキセラの虫害は根本的な対策が難しく、21世紀のいまも接ぎ木で対策するほかないのが現状なんです。つまり、もうフィロキセラ以前のワインには戻れない、ということ。これは受け入れるしかない厳然たる事実ですよね?

いま世界中で飲まれているワインはある意味、ヨーロッパとアメリカが手を組んで世界滅亡に立ち向かった証ともいえます。「一度は滅びかけたんだよな……」と感慨に浸って飲めば、どんなワインだって尊さが身に染みてくるはず。味わい深さも倍増です。

＊＊＊

実はフィロキセラの被害を免れたワイン産地もあります。そのひとつが南米チリ。フィロキセラの侵入を許さなかったチリでは、いまも接ぎ木することなく、ぶどうを栽培しています。接ぎ木されていないぶどう樹を「自根」と呼びます。チリワインは〝フィロキセラ以前のまま〟の味なんです。

＼飲んだら沼にハマるかも!?／
物語のあるワインたちのリスト

本書で取り上げたエピソードと関わりのある“物語系ワイン”のリストです。
物語からワインに興味を持ったら、 こんどはその味に触れてみてください！

［ワインリストの説明］ 銘柄名｜生産者｜タイプ｜生産地域｜主なぶどう品種｜著者寸評 ※価格はすべて想定価格。

Château Mouton Rothschild
｜第1話｜ シャトー・ムートン・ロートシルト ―――― 100,000円～
シャトー・ムートン・ロートシルト｜赤｜フランス ＞ ボルドー ＞ ポイヤック｜カベルネ・ソーヴィニヨン，メルロー，カベルネ・フラン，プティ・ヴェルド｜醸造長いわく「5年じゃまだぶどうジュース。25年でムートンになる」。……でも若いのもおいしいですよ（もったいないけど）。

Château Lafite Rothschild
｜第2話｜ シャトー・ラフィット・ロートシルト ―――― 120,000円～
シャトー・ラフィット・ロートシルト｜赤｜フランス ＞ ボルドー ＞ ポイヤック｜カベルネ・ソーヴィニヨン，メルロー，カベルネ・フラン，プティ・ヴェルド｜買ったら熟成させましょう。もしくは熟成モノを探して飲みましょう。飲みごろのラフィットを飲んでみな飛ぶぞ（長州力）。

Château Pontet Canet
｜第3話｜ シャトー・ポンテ・カネ ―――― 20,000円～
シャトー・ポンテ・カネ｜赤｜フランス ＞ ボルドー ＞ ポイヤック｜カベルネ・ソーヴィニヨン，メルロー，カベルネ・フラン，プティ・ヴェルド｜高価に思えますが味を考えるとまだ安いです。僕の「お金が貯まったら買うワイン」の候補は常にこれ。7年以上の熟成モノを推奨。

S.L.V. Cabernet Sauvignon
｜第4話｜ “S.L.V.” カベルネソーヴィニヨン ナパヴァレー ―――― 35,000円～
スタッグス・リープ・ワイン・セラーズ｜赤｜アメリカ ＞ カリフォルニア ＞ ナパ・ヴァレー ＞ スタッグスリープディストリクト｜カベルネ・ソーヴィニヨン｜「パリスの審判」で1位をとった“そのもの”の銘柄。さすがにおいしいです。1万円くらいの弟分銘柄「アルテミス」もおすすめ。

Chateau Montelena Chardonnay
シャトー・モンテレーナ シャルドネ ―――― 13,000円～
シャトー・モンテレーナ｜白｜アメリカ ＞ カリフォルニア ＞ ナパ・ヴァレー ＞ カリストガ｜シャルドネ｜伝説的なエピソードのわりにはお手頃価格なので、僕も手土産や贈答品、ワイン会によく持っていきます。対決モノの話はウケが良い！

Continuum Proprietary Red Napa Valley
｜第5話｜ コンティニュアム プロプライエタリー・レッド ナパ・ヴァレー ―― 40,000円～
コンティニュアム・エステート｜赤｜アメリカ ＞ カリフォルニア ＞ ナパ・ヴァレー｜カベルネ・ソーヴィニヨン，カベルネ・フラン，プティ・ヴェルド，メルロー｜最近のヴィンテージはカベルネ・フランという品種のブレンド比率が高まっていて独特の花の香りと浮遊感あり。さすが天才ティム！

Opus One
｜第6話｜ オーパス・ワン ―――― 70,000円～
オーパス・ワン・ワイナリー｜赤｜アメリカ ＞ カリフォルニア ＞ ナパ・ヴァレー ＞ オークヴィル｜カベルネ・ソーヴィニヨン，メルロー，カベルネ・フラン，プティ・ヴェルド，マルベック｜濃厚さで押してくるタイプではなくバランス型。客寄せに使われやすく、意外とグラスワインで飲める機会も多いです。

Sassicaia
|第7話| サッシカイア ——— 30,000円～
テヌータ・サン・グイド|赤|イタリア > トスカーナ|カベルネ・ソーヴィニヨン，カベルネ・フラン|品種も造り方もボルドーそっくりですが、どこか「陽キャ」な感じがあるのはイタリアだから？　すぐ飲んでも熟成させてもOK。セカンドの「グイダルベルト」もおいしいです。

SEÑA
|第8話| セーニャ ——— 18,000円～
セーニャ・エステート|赤|チリ > アコンカグア・ヴァレー|カベルネ・ソーヴィニヨン，マルベック，カルメネール，プティ・ヴェルド|世界トップクラスのワインにしか出せない品格があります。それにしては値段がずーっと良心的。飲むなら今のうちかも!?

Solomon Hills Vineyard Suerte
|第11話| スエルテ ソロモン・ヒルズ・ヴィンヤード ——— 20,000円～
ポール・ラトー・ワインズ|赤|アメリカ > カリフォルニア > サンタ・マリア・ヴァレー|ピノ・ノワール|高価ですがその価値あり。飲めばなぜラトーが天才なのかがわかります。この人のワインは赤も白も完成度が高く、いつ飲んでも感動します。

Barolo Arborina
|第12話| バローロ アルボリーナ ——— 20,000円～
エリオ・アルターレ|赤|イタリア > ピエモンテ|ネッビオーロ|本編を読んで「結局モダン派ってどんな味？」と思ったらエリオのワインを飲んでみて。素直に「おいしい」と思えるはず。クラシック派と比べたいなら「アルド・コンテルノ」のバローロあたりをどうぞ。

Châteaux Montus
|第13話| シャトー・モンテュス ——— 4,000円～
ドメーヌ・アラン・ブリュモン|赤|フランス > 南西地方 > マディラン|タナ，カベルネ・ソーヴィニヨン|香りや味わいはボルドーワインにすごく近いです。がっつりした肉料理に合わせて飲むとこの上ない幸せ～。週末の贅沢に。

Gevrey Chambertin
|第14話| ジュヴレ・シャンベルタン ——— 12,000円～
ルー・デュモン|赤|フランス > ブルゴーニュ|ピノ・ノワール|ワインメーカーはアーティスト。ワインには人柄があらわれます。仲田さんのワインはどれもバランスがよくて優しい味わい。と言いつつ「ジュヴレ」は村の特徴なのか比較的力強さも感じられます。

Dom Pérignon
|第16話| ドン・ペリニヨン ——— 30,000円～
モエ・エ・シャンドン|スパークリング|フランス > シャンパーニュ|シャルドネ，ピノ・ノワール|有名すぎて面白味がないのかレストランやワイン会だとあまり見かけない印象。プロのサービスで飲むと想像以上においしいですよ。

Château Haut-Brion
|第17話| シャトー・オー・ブリオン ——— 80,000円～
シャトー・オー・ブリオン|赤|フランス > ボルドー > グラーヴ|メルロー，カベルネ・ソーヴィニヨン，カベルネ・フラン|5大シャトー内にも価格差は多少あって、まだ買いやすいほう。早飲みしてもわりとイケますが、それでも10年は待ちましょう。

Chambertin
|第18話| シャンベルタン ——— 600,000円～
ドメーヌ・アルマン・ルソー|赤|フランス > ブルゴーニュ|ピノ・ノワール|シャンベルタンといっても生産者によってピンキリですが、一生に一回飲めたらいいレベルの「ピン」はこれ。偽物には気をつけて……。別の生産者なら8万円～くらいで買えます。

Veuve Clicquot Yellow Label Brut NV
|第19話| ヴーヴ・クリコ イエロー・ラベル ブリュット NV ——— 8,000円～
ヴーヴ・クリコ|スパークリング|フランス > シャンパーニュ|ピノ・ノワール，シャルドネ，ムニエ|四天王のなかで個人的に一番好きなシャンパン。その分価格も4つで一番高いですけど……。ローズラベル（ロゼ）もおすすめ。

Cristal
|第20話| クリスタル ———— 45,000円〜
ルイ・ロデレール|スパークリング|フランス > シャンパーニュ|ピノ・ノワール, シャルドネ|僕を沼にハメたワインのひとつ。はじめて飲んだのは2007年ヴィンテージ。複雑で多層的な香り、ムースのような泡、あまりに美しい味に泣きそうになりました。

Brunello di Montalcino
|第21話| ブルネッロ・ディ・モンタルチーノ ———— 8,000円〜
チャッチ・ピッコロミニ・ダラゴナ|赤|イタリア > トスカーナ|サンジョヴェーゼ・グロッソ|「高いけど安い」という言葉がぴったり。それでも高すぎんよと思ったら、もっと安いラインの「ロッソ・トスカーナ」や「ロッソ・ディ・モンタルチーノ」をおためしあれ。

Signature Kikyogahara Merlot
|第22話| 桔梗ヶ原メルロー シグナチャー ———— 18,000円〜
シャトー・メルシャン|赤|日本 > 長野県|メルロー|日本ワインの試飲会で飲んだときにおいしすぎて腰を抜かした記憶が。買ってすぐ飲んでもいいし、何年か熟成させてもよし。

Le Poggere Est! Est!! Est!!! Di Montefiascone
|第23話| レ ポッジョーレ エスト！エスト!! エスト!!! ディ モンテフィアスコーネ ———— 1,400円〜
ファレスコ|白|イタリア > ラツィオ|トレッビアーノ, マルヴァジア, ロシェット|すっきりおいしい日常酒。深みとかコクを求めてはいけません。「エスト！エスト!! エスト!!!」はどれを買っても安いので、常備しておいてゴクゴクいきましょ！ きっちり冷やすのがポイント。

"Sign to the Story" Sparkling Wine3209
|第24話| "サイン・トゥ・ザ・ストーリー" スパークリング 3209 ———— 11,000円〜
シャトー・イガイタカハ|スパークリング|アメリカ > カリフォルニア > サンタ・リタ・ヒルズ|シャルドネ|泡以外なら「圍（赤）」「侍（白）」もためしてみてほしい。個人的にイガイタカハにはいつもどこか南国のエキゾチックさを感じます。

Coteaux Bourguignons
|第25話| コトー・ブルギニヨン ———— 7,000円〜
メゾン・ルロワ|赤|フランス > ブルゴーニュ|ガメイ, ピノ・ノワール|メゾンもののなかでボジョレーを除くと一番お手頃。安いラインがないDRCと違ってまだ何とか飲めるのはありがたいところ。ブルゴーニュといえばピノ・ノワールですが、これはガメイとのブレンド。

Château Margaux
|第26話| シャトー・マルゴー ———— 100,000円〜
シャトー・マルゴー|赤|フランス > ボルドー > マルゴー|カベルネ・ソーヴィニヨン, メルロー, カベルネ・フラン, プティ・ヴェルド|女王たるゆえんを手軽に知りたいなら、1万円台で買えるサードワインでもOK。マルゴーの優美さの片鱗が感じられます。

Château Lagrange
|第27話| シャトー・ラグランジュ ———— 8,000円〜
シャトー・ラグランジュ|赤|フランス > ボルドー > サン・ジュリアン|カベルネ・ソーヴィニヨン, メルロー, プティ・ヴェルド|実はかなりコスパのいい格付けワインだと思っています。品質低迷期間が長かったからか評価が追いついていない。チャンスです！

Brolio Chianti Classico
|第28話| ブローリオ キャンティ クラシコ ———— 3,000円〜
バローネ リカーゾリ|赤|イタリア > トスカーナ|サンジョヴェーゼ, コロリーノ|フォルムラでは物議を醸しましたが、リカーゾリ家自体は昔も今も超名門。キャンティ・クラシコの入門としてもぴったり。イタリアワインは料理にあわせてこそ。ぜひお肉と！

Graham Beck Brut NV
|第29話| グラハム・ベック ブリュット NV ———— 2,800円〜
グラハム・ベック・ワインズ|スパークリング|南アフリカ > ロバートソン|シャルドネ, ピノ・ノワール|上級品も当然おいしいんですが、この低価格ラインのコスパがやばすぎて僕はいつもこればかり。もう何度飲んだか覚えていません。ロゼも一押しです。

Aslina Umsasane
|第30話| アスリナ ウムササネ ―― 5,500円～
アスリナ|赤|南アフリカ > ステレンボッシュ|カベルネ・ソーヴィニヨン, カベルネ・フラン, プティ・ヴェルド|すごくまじめにカチッと造られていて味もすばらしい。黒人女性醸造家の肩書で話題になりましたが、そうでなくても人気が出たでしょう。

Windowrie SAKURA Shiraz
|第31話| ウインダウリ サクラ・シラーズ ―― 3,500円～
ウインダウリ エステート|赤|オーストラリア > ニューサウスウェールズ > カウラ|シラーズ|ラベルがきれいなだけじゃない！ ワイン会でいつも大人気の実力派。果実味たっぷりでみんな大好きな味。お花見で飲むのにこれ以上の酒は見たことありません！

Château Calon Segur
|第32話| シャトー・カロン・セギュール ―― 20,000円～
シャトー・カロン・セギュール|赤|フランス > ボルドー > サン・テステフ|カベルネ・ソーヴィニヨン, メルロー, プティ・ヴェルド|「チャラそう」みたいなイメージで飲んで硬派な味にびっくりした思い出が。飲むならレストランへの持ち込みも検討してみて。

Château Beaumont
|第35話| シャトー・ボーモン ―― 3,000円～
シャトー・ボーモン|赤|フランス > ボルドー|カベルネ・ソーヴィニヨン, メルロー, プティ・ヴェルド|安定しておいしい、そこそこ手頃な価格、いつでも買える、と三拍子そろったお手本ボルドー。標準的なボルドーワインの味わいがここに。

Château Ausone
|第36話| シャトー・オーゾンヌ ―― 120,000円～
シャトー・オーゾンヌ|赤|フランス > ボルドー > サンテミリオン|カベルネ・フラン, メルロー|僕を沼にハメたワインのひとつ。熟成したオーゾンヌの香りはとんでもなく妖艶でこの世のものとは思えません……！

Cloudy Bay Sauvignon Blanc
|第38話| クラウディー ベイ ソーヴィニヨン・ブラン ―― 4,000円～
クラウディー ベイ|白|ニュージーランド > マールボロ|ソーヴィニヨン・ブラン|僕を沼にハメたワインのひとつ。仕事関係の人と訪れたレストランで飲み「う、うまい…！」と感激。以来何度も飲んでます。

tako-cham
|第39話| たこシャン ―― 2,700円～
カタシモワイナリー|スパークリング|日本 > 大阪府|デラウェア|たこ焼きはもちろん、お好み焼きとか焼きそばとかの粉もんと一緒に！ 全部にあうかは保証しませんが細かいことはいいんです！ ビール感覚で！

Ryo-fu Chardonnay Green Valley of Russian River Valley
涼風シャルドネ ロシアンリバーヴァレー ―― 8,000円～
フリーマン|白|シャルドネ|アメリカ > カリフォルニア|ボリューム感があるのにクドくなく、柑橘とトロピカルフルーツが混じった甘い香りがなんとも心地いい！ 名前のとおり涼やかな風のよう。これぞ良いワイン！

Chanmoris G.I. Yamanashi Koshu
|第40話| シャンモリ GI山梨 甲州 ―― 1,800円～
盛田甲州ワイナリー|白|日本 > 山梨県|甲州|塩焼きなどシンプルな味付けで素材を生かした家庭の魚料理にバチーンとハマりますよ！ キュッとレモンを絞ればさらに相性抜群！ 日本のぶどう品種だけあって日本の食卓にぴったり。

Rheingau Koshu Mittelheimer Edelman
ラインガウ甲州 ミッテルハイマー・エーデルマン ―― 5,000円～
ショーンレーバー - ブリュームライン|白|ドイツ > ラインガウ|甲州|日本以外では極めて珍しいドイツの甲州。味もやはり日本とは違うのが不思議。ぜひ日本産の甲州と並べて飲んでほしいです。

縁切りパワーカップルから愛を込めて……
ハリウッドセレブのロゼは縁起が悪い!?

経済的な成功を収めた富裕層のステータスといえばワイナリーを購入してワインを造ること。特にハリウッドセレブはその傾向が強いんです。有名なのはブラッド・ピットとアンジェリーナ・ジョリーのワイナリー、ミラヴァル。ロゼワインの一大産地、南フランスのプロヴァンス地方で一流生産者ペラン家と組み、2012年から「ミラヴァル・ロゼ」を造っています。世紀のパワーカップル「ブランジェリーナ」の知名度はもちろん、おしゃれなボトル、華やかなサーモンピンクの色合い、手頃な価格、本格的な味わいと、売れる要素しかない銘酒です。実際、日本では一番有名なロゼワインかも。贈り物にも最適で、僕もおすすめを聞かれるたびにプッシュしていました。ところが2016年、ふたりは離婚を表明。ワイナリーの権利についても未だに泥沼裁判が続いています。気にしなきゃいいのですが、あまりにもふたりのイメージがワインと結びついているうえにトラブルが現在進行系なので、結婚式などのプレゼントにはちょっと選びにくくなっちゃったかも？

ブラピやアンジーの主演映画にミラヴァル・ロゼが登場する日を野次馬根性で心待ちにしているのですが……しばらくは期待できそうにありません。

主な参考資料・メディア一覧

「日本ソムリエ協会 教本 2022」一般社団法人日本ソムリエ協会. 2022 ◇「女性とフランス・ワイン」城丸悟. 読売新聞社. 1982 ◇「ワイン手帖」浅田勝美. ブックマン社. 1974 ◇「ワインの女王」山本博. 早川書房. 1990 ◇「ワインの女王 ボルドー」山本博. 早川書房. 2005 ◇「シャンパンの歴史」ベッキー・スー・エプスタイン 著 / 芝瑞紀 訳. 原書房. 2019 ◇「ワインが語るフランスの歴史」山本博. 白水社. 2003 ◇「ワインの歴史」マルク・ミロン 著 / 竹田円 訳. 原書房. 2015 ◇「ワイン法」蛯原健介. 講談社. 2019 ◇「世界のワイン法」山本博・高橋梯二・蛯原健介. 日本評論社. 2009 ◇「エルトリアの謎」S.V.クレス=レーデン 著 / 河原忠彦 訳. みすず書房. 1965 ◇「楽しいワイン教室」辻綾子. 新樹社. 1982 ◇「新フランスワイン」アレクシス・リシーヌ 著 / 山本博 訳. 柴田書店. 1985 ◇「最高のワインをめざして ロバート・モンダヴィ自伝」ロバート・モンダヴィ 著 / 大野晶子 訳 / 石井もと子 監修. 早川書房. 1999 ◇「シャンパンのすべて」山本博. 河出書房新社. 2006 ◇「ワインの帝王ロバート・パーカー」エリン・マッコイ著 / 立花峰夫訳 / 立花洋太訳. 白水社. 2006 ◇「ワイン道」葉山考太郎. 日経BP社. 1996 ◇「日本ワイン文化の源流」上野晴朗. サントリー. 1982 ◇「シャンパンの教え」葉山考太郎. 日経BP社. 1997 ◇「ワインをつくる人々」マルセル・ラシヴェール 著 / 幸田礼雅 訳. 新評論. 2001 ◇「パリスの審判 カリフォルニア・ワインVSフランス・ワイン」ジョージ・M・テイバー 著 / 葉山考太郎 訳 / 山侑貴子 訳. 日経BP社. 2007 ◇「FINEST WINE ボルドー」ジェイムズ・ローサー 著 / 山本博 監修. ガイアブックス. 2011 ◇「FINEST WINE カリフォルニア」スティーヴン・ブルック 著 / 情野博之 監修. ガイアブックス. 2012 ◇「FINEST WINE トスカーナ」ニコラス・ベルフレージ 著 / 水口晃 監修 / 佐藤志緒 訳. ガイアブックス. 2010 ◇「FINEST WINE ブルゴーニュ」ビル・ナンソン 著 / 麹谷宏 監修 / 乙須敏紀 訳. ガイアブックス. 2012 ◇「比較ワイン文化考」麻井宇介. 中央公論社. 1981 ◇「ロスチャイルド家と最高のワイン」ヨアヒム・クルツ 著 / 瀬野文教 訳. 日本経済新聞出版社. 2007 ◇「新・ワイン入門」福田育弘. 集英社インターナショナル. 2015 ◇「マダム・ルロワの愛からワイン」星野とよみ. 文園社. 1998 ◇「幸せになりたければワインを飲みなさい」杉本隆英. 自由国民社. 2018 ◇「新版 シャトー ラグランジュ物語」.「ラグランジュ物語」制作プロジェクト. 新潮社. 2023 ◇「リンカーンのあごひげ」高橋邦太郎. 筑摩書房. 1951 ◇「ぼくらの郷土」和歌森太郎 編. 小峰書店. 1957 ◇「5本のワインの物語」安蔵光弘. イカロス出版. 2022 ◇「エピソードで味わうワインの世界」山本博. 東京堂出版. 2014 ◇「新版 ワイン基礎用語集」遠藤誠 監修. 柴田書店. 2017 ◇「Winart (ワイナート)」. 美術出版社 ◇「神の雫」亜樹直 原作 / オキモト・シュウ 作画. 講談社 ◇「ソムリエール」城アラキ 原作 / 松井勝法 漫画 / 堀賢一 監修. 集英社 ◇「エノテカ」https://www.enoteca.co.jp/ ◇「アカデミー・デュ・ヴァン ブログ」https://www.adv.gr.jp/blog/ ◇「Wine Advocate: Robert Parker」https://www.robertparker.com/ ◇「GuildSomm International」https://www.guildsomm.com/ ◇「Decanter」https://www.decanter.com/ ◇「wine.co.za」https://wine.co.za/ ◇映画「バローロ・ボーイズ、革命の物語」(2014年) ◇ 映画「シグナチャー ～日本を世界の銘醸地に～」(2022年) ◇ 映画「ボトル・ドリーム カリフォルニアワインの奇跡」(2008年) ◇ 映画「サイドウェイ」(2004年) ◇ 映画「007 ドクター・ノオ」(1962年) ◇ 映画「007 ロシアより愛をこめて」(1963年) ◇ 映画「ナイル殺人事件」(1978年)

※このほか各ワイナリーの公式サイト、ワイン販売業者、自治体、研究機関のWEBサイト等を参考にしています。

おわりに

ワインは紀元前6000年ごろ、つまりいまから約8000年も前にヨーロッパとアジアの間にあるジョージア周辺で誕生したといわれています。そこから人類の歴史と歩調を合わせるようにして西はヨーロッパ、東はアジアの最果て日本までぶどうが伝わり、さらに大航海時代を経て世界中それぞれの土地でワイン文化が花開いていったんです。

8000年の歴史があるということは、8000年分の物語があるということ。そのなかで現在まで伝わっている話はほんの一部にすぎません。記録に残らず時の流れに埋もれていった物語もたくさんあるはずです。ワインによって生み出されたストーリーの数々を想像するだけで、なんともワクワクする気分になりませんか？

本書ではそんなワインの物語の一端を語らせていただきました。ワインをめぐる争い、歴史をも動かしたワイン、ワインがもたらした家族愛など、バラエティに富んだエピソードの数々をお届けできたのではないかと思います。

本書で紹介したワインはワインリスト(P.248)にまとめました。どちらかといえば高級なワインが多めですが、そうしたワインの生産者はだいたいお手頃な価格のラインナップを用意しており、それらは安価であっても味わいからは上級品のエッセンスが感じられるものとなっています。ぜひホームパーティーやワイン会などに持ち寄って、本書のエピソードで盛り上がっていただけるとうれしいです。

ご紹介した41の物語を国別に数えてみると、フランスが20、アメリカが6、イタリアが5、南アフリカが2、日本が2、チリ、オーストラリア、ニュージーランドが各1、その他が3となりました。やはりワイン大国フランスが多いのですが、それ以外の世界中の国々にもワインが織りなす物語があります。

語りたいストーリーはもっとたくさんあります。たとえばカリフォルニアのカルトワインと呼ばれる超高級ワイン群や、パーカーをして「神話の象徴」と言わしめたボルドーの頂点ペトリュス、スペインワインに革命を起こした「プリオラートの４人組」と呼ばれる男たちなど、世界にはまだまだワインのアツい物語がごろごろ転がっているんです。

なにせ、８０００年分ありますからね。

それらの話もいつか語れる日がくることを夢見て！

山田井ユウキ

ワインの半分は物語でできている。

2024年12月20日　第1刷発行

著者　山田井ユウキ

発行人　塩見正孝
発行　株式会社三才ブックス
〒101-0041 東京都千代田区神田須田町2-6-5 OS'85ビル
TEL　03-3255-7995
FAX　03-5298-3520
ホームページ　https://www.sansaibooks.co.jp/
電子メール　info@sansaibooks.co.jp

デザイン　桐澤成之デザイン事務所
表紙イラスト　東京メロンボーイ（浦上和久）
挿絵イラスト　たかやなぎきょうこ

印刷・製本　TOPPANクロレ株式会社